Aschenbrenner
For Purpose

For Purpose

Ein neues Betriebssystem für Unternehmen

von

Jo Aschenbrenner

Verlag Franz Vahlen München

Jo Aschenbrenner ist Rechtsanwältin und Partnerin von encode.org. Sie steht für die Verbindung von Recht und Mensch und versteht ihre berufliche Aufgabe darin, einen Beitrag für neue Machtstrukturen in der Welt zu leisten und Menschen auf dem Weg dahin den Zugang zu sich selbst zu eröffnen. Ihre Karriere begann in einer Großkanzlei, wo sie die Grundlagen harter Verhandlungen und der Parteivertretung von Unternehmen kennenlernte. Bei aller Faszination für die anspruchsvolle Arbeit fragte sie sich laufend: Wozu das Ganze über Leistung, Macht und Profit hinaus? Als Gesellschafterin des Start-ups encode.org baut sie seit 2016 weltweit For-Purpose-Enterprises auf. Diese Unternehmensform setzt Sinnorientierung für das Unternehmen und für die Menschen an erste Stelle und integriert die Selbstorganisation der Arbeit auch in die Gesellschaftsverträge. Jo Aschenbrenner hält Vorträge und Keynotes zu den Themen Sinnorientierung, neue Machtverteilung und Veränderung (www.for-purpose.de). Sie lebt mit ihrem Partner und ihren drei Kindern südlich von Hamburg.

ISBN Print: 978 3 8006 5969 2
ISBN E-Book: 978 3 8006 5970 8

Satz: Fotosatz Buck
Zweikirchener Str. 7, 84036 Kumhausen
Druck und Bindung: Druckhaus Nomos,
In den Lissen 12, 76547 Sinzheim
Umschlaggestaltung: Ralph Zimmermann – Bureau Parapluie
Bildnachweis: © Jessica Frische, Graphic Recording und Illustration
Gedruckt auf säurefreiem, alterungsbeständigem Papier
(hergestellt aus chlorfrei gebleichtem Zellstoff)

Inhaltsübersicht

Das Buch tritt an, die Welt der Arbeit von Grund auf neu zu gestalten. Es geht nicht um inkrementelle Verbesserungen, sondern um ein neues Betriebssystem – for purpose.

Kapitel 1

In diesem Kapitel schildere ich die vier Prinzipien des For-Purpose-Betriebssystems. Sie stellen die Grundlage für die neue Art des Arbeitens dar.

Kapitel 2

In diesem Kapitel lesen Sie, welche Konzepte Sie hinter sich lassen müssen, damit die neue Art des Arbeitens überhaupt entstehen und aufblühen kann.

Kapitel 3–5

Hier erfahren Sie, welche konkreten Regelungen das For-Purpose-Betriebssystem beinhaltet und wie diese im Alltag funktionieren in Bezug auf Arbeit und Vergütung (Kapitel 3), Recht und Beteiligung (Kapitel 4) sowie das Miteinander (Kapitel 5). Das For-Purpose-Betriebssystem stellt einen kompletten Ersatz für die konventionelle Managementhierarchie dar.

Im letzten Abschnitt, **Werde, wer Du bist**, zeige ich auf, wie sehr mich die neue Art des Arbeitens als Mensch geprägt und mir den Weg zu meinem individuellen Sinn eröffnet hat.

Inhaltsverzeichnis

Regeln, die der Freiheit dienen: Ein Vorwort von Thomas Thomison

Liebe Leserin und lieber Leser, seien Sie gewarnt: Dieses Buch ist nicht einfach ein weiteres Buch über Unternehmen und Management. Es handelt zwar von Arbeit, Kapital, Recht und Unternehmenskultur, doch es befasst sich mit diesen Themen nicht, wie es herkömmliche Wirtschafts- und Managementbücher tun. In diesem Buch geht es beispielsweise nicht in erster Linie darum, ein besserer Chef oder eine erfolgreichere Führungskraft zu werden, es liefert Ihnen keine Rezepte zum Aufbau besserer Teams und es ist auch kein „Fünf Wege" zur Steigerung der operativen Effizienz. Nein, es ist vielmehr ein Buch über das Verlieben. Wirklich! Sich in Regeln verlieben. In Regeln, die die Art und Weise, wie Sie zusammenarbeiten, in ein Unternehmen investieren und berufliche Beziehungen pflegen, von Grund auf verändern. Regeln, die sich so fundamental vom Herkömmlichen unterscheiden, dass sie vielleicht sogar die Kraft haben, in Ihnen ein neues Feuer für das große Spiel in der Businesswelt zu entfachen. Ein Spiel mit neu definierten Regeln, die Sie inspirieren, Ihnen frischen Wind geben und, wenn innig gelebt, Ihnen die Freude an Ihrer Arbeit wiederbringen können. Also in diesem Sinne, liebe Leserin und lieber Leser, ist dies auch ein Buch über Business.

Es ist ein Zeichen unserer Zeit, dass man neue Dinge auch neu lieben lernen kann. Wenn auch der schon von Heraklit erkannte Grundsatz „Die einzige Konstante ist der Wandel" immer noch gültig ist, so scheint es doch, als lebten wir in einer Welt, in der fortwährend Neues auf uns einstürmt. Neue Regeln, wenn auch uns noch nicht vollkommen bewusst, beeinflussen uns tiefgründig und dauerhaft in der Art wie wir leben, arbeiten und miteinander agieren; mehr als jemals zuvor in der jüngeren Geschichte. Sie meinen das sei zu abstrakt, kühn oder übertrieben? Es passiert genau jetzt.

Regeln in Form von Software-Codes beeinflussen so gut wie jeden unserer bewussten Momente (und für einige von uns schon die Zeiten des Tiefschlafes). Geschätzte 2,5 Milliarden mobile und smarte Geräte liegen in den Händen der Menschen. Fast die Hälfte der Population der Erde ist mit dem Internet verbunden. Algorithmen (anders gesagt: Regeln) entscheiden zum Guten oder zum Schlechten für einen großen Teil der Menschheit, was gerade für sie aktuell ist. Schon heute beeinflussen und durchdringen diese Regeln unsere Beziehungen in den sozialen Netzwerken, die Nachrichten, die wir konsumieren (oder die uns konsumieren), die Filme, die wir sehen, und die Orte, an die wir reisen, oder den Kredit, den wir beantragen. Raffiniertere Regeln von „künstlicher Intelligenz" haben bereits Einfluss auf den Verkehr, autonome Fahrzeuge sind bereits auf den Straßen und die Logistik wird dem folgen. Unsere Welt wird immer vernetzter, autonomer und gleichzeitig voneinander abhängiger und komplexer. Das ist eine Binsenweisheit, keine Vorhersage.

» Wir wandeln uns so schnell, dass unsere Fähigkeit, Neues zu entwickeln, unsere Möglichkeit, das Erfundene zu beherrschen, übersteigt. «

– Kevin Kelly, The Inevitable: Understanding the 12 Technological Forces That Will Shape Our Future

Also warum dieses ganze Gerede über Regeln? Weil wir den zentralen Governance-Strukturen, die den Unternehmen zugrunde liegen, zu wenig Bedeutung zumessen. Wir ignorieren sie irgendwie, weil sie uns entweder zu kompliziert sind, wir sie als nicht relevant genug erachten, sie immer schon da waren oder einfach nur als ein weiteres Kästchen zum Abhaken erscheinen. Genau hier liegt das Problem!

Regeln und Gesetze strukturieren unsere Gesellschaft, Staaten und ganze Kulturen. Erst Regeln zivilisieren uns. Unsere privatautonomen Vereinbarungen setzen Grenzen und liegen unseren Verträgen zugrunde. Sie koordinieren Geschäftsvorgänge auf grundlegender finanzieller und politischer Ebene. Doch konnten in den letzten 100 Jahren eben diese grundlegenden Elemente, mit denen wir im Kleinen wie im Großen Geschäfte tätigen, strukturieren und kontrollieren, mit jedem bedeutungsvollen technologischen Fortschritt nicht mithalten. Natürlich gab es eine Menge hehrer Versuche, schrittweise Verbesserungen einzuführen. Hier einige der nobleren zur Auswahl: Agilität, Lean Business, selbstgeführte Teams, Leadership-Programme und mit Bedacht entwickelte Organisationsmodelle. Ich könnte noch weitere aufzählen und viele von Ihnen könnten das wahrscheinlich auch. Es ist eine lange Liste der Dinge, die wir versucht haben. Doch egal wie klug oder innovativ diese kleinen Verbesserungen auch waren, sie waren nicht in der Lage, einen Einfluss innerhalb des Status quo der bestehenden Machtstrukturen zu erwirken. Die nackte Realität ist die, dass bis vor Kurzem die zugrunde liegenden Machtsysteme sowie die fundamentalen Organisationsprinzipien und Regeln nicht untersucht oder gar herausgefordert wurden. Die Regeln, die wir heute nutzen, um Arbeit im 21. Jahrhundert zu koordinieren, lassen einem das Herz brechen. Beschämenderweise stammen viele noch aus der Zeit, als die ersten Automobile von den Bändern liefen – im 19. Jahrhundert. Die Arbeitswelt ist faktisch zerfallen, wie Aaron Dignan es in seinem jüngsten Buch *Brave New Work* beschreibt. Es ist Zeit für ein Upgrade.

Aber wie machen wir es besser? Dank der bahnbrechenden Arbeit von Frederic Laloux mit seinem Buch *Reinventing Organizations* können wir sehen, wie sich Organisationen als Systeme über die Zeit hin entwickeln

– eine Entwicklungsflugbahn, wenn man so will. Ich tröste mich mit dem Wissen, dass es einen unausweichlichen evolutionären Marsch in Richtung Sinn (purpose), Selbstorganisation und Ganzheit gibt. Wir sehen heute auch, wie der Weg von den frühen Pionieren des Selbstmanagements (wie Gore, Morningstar etc.) weiterführt. Diese Firmen haben uns gezeigt, dass es möglich ist, Arbeit in radikal neuen Ansätzen mit anderen Regeln und den ihnen zugrunde liegenden Annahmen zu strukturieren. Außerdem haben wir großartige inspirierende Bewegungen wie Conscious Capitalism, responsive.org und die Teal/Reinventing-Gemeinschaften, die sich für Wandel einsetzen und uns den Weg in eine bessere Zukunft weisen. So wertvoll und notwendig diese frühen Pioniere und Bewegungen auch waren und heute noch sind, veranlassen sie uns vor allem eines zu tun: anders zu denken. Aber sie sagen uns nicht, wie wir anders handeln sollen. Denn nur anders zu denken bringt uns nur soweit, wie Dan Pink es in dem Buch „To sell is human" beschreibt: „Klarheit im Denken ohne Klarheit im Handeln lässt die Menschen verharren." Regeln geben uns Klarheit, wie wir zu handeln haben. Sie koordinieren die Aktion und die Interaktion. Was wir jetzt brauchen, sind neue Regeln, die die Lektionen der Pioniere und die Weisheit der Bewegungen festschreiben. Die gute Nachricht ist, dass bereits jetzt neue Regelsätze vorliegen. Sie sind ausgereift und stellen eine konkrete Alternative dar, um zumindest eine Machtstruktur zu ersetzen: die Managementhierarchie. Systeme wie die Soziokratie oder die Holacracy®-Praxis geben uns einen sich fundamental unterscheidenden Ansatz, um Arbeit zu koordinieren; mit klaren, konkreten und niedergeschriebenen Regeln.

Was kommt als Nächstes? Ja, Sie haben richtig geraten – noch bessere Regeln. Die For-Purpose-Enterprise steht für neue Regeln, die neben der Managementhierarchie auch alle weiteren Bereiche eines Unternehmens neu strukturieren und dadurch dem Sinn des Unternehmens in der Welt Geltung verschaffen. Die For-Purpose-Enterprise ist eine Verbundstruktur aus Regeln, die juristische, Haftungs- und Kapitalangelegenheiten definieren, eingebunden in ein Betriebssystem, das die Arbeit organisiert und zu guter Letzt klare Vereinbarungen für das Miteinander liefert. Sie werden in dem Buch erfahren, wie die neuen Regeln funktionieren und wie es sich anfühlt, in diesem neuen sinnorientierten System und dieser neuen Machverteilung zu arbeiten und zu sein.

Ich kann mir keine bessere Person vorstellen, die das erste Buch über die For-Purpose-Enterprise schreibt. Jo Aschenbrenner bringt Herzblut und Passion ein, in allem was sie macht. Als Anwältin, Dozentin, engagierte Partnerin und Mutter dreier Kinder, Unternehmerin und Mediatorin ist Jo eine Frau mit ungebändigter Energie. Sie hat die Fähigkeit, komplexe juristische und unternehmerische Strukturen aufzuschlüsseln und dazu die Gabe, den Fokus auf die Essenz dessen zu legen, was wirklich von Belang ist.

Ich hoffe, Sie genießen ihre Geschichte. Vielleicht werden Sie ein wenig neugierig und auf dem Weg dazu verführt, sich auch in die neuen Regeln zu verlieben. Regeln im Dienst von mehr Sinn, gesünderen Beziehungen und letztendlich mehr persönlicher Freiheit.

Onward

Thomas Thomison

Mitgründer HolacracyOne LLC
Gründungsmitglied encode.org LLC
Houston, Texas USA
März 2019

Einleitung

Arbeiten 4.0, Neue Arbeit und „New Work“ sind heute in aller Munde. Wer neue Büros konzipiert, kommt nicht umhin, eine innovative Arbeitswelt abzubilden, in der sich die Mitarbeiter wohl fühlen. Kreativecken mit Wohnzimmer-Charakter, Räume der Begegnung und der Entspannung – neue Generationen von Mitarbeitern wünschen sich neue Arbeitsformen. Doch nicht nur im äußeren Rahmen verändern sich unsere Arbeitsplätze. Auch interne Prozesse und Strukturen sind davon betroffen, bis hin zum Organisationsmodell von morgen.

Rund um den Globus befassen sich moderne Wirtschaftsvertreter mit dem Thema „Reinventing Organizations“. Frederic Laloux hat in seinem gleichnamigen Buch ein neues Paradigma sich entwickelnder Unternehmen beschrieben und drei Meilensteine benannt, die diese „evolutionären Organisationen“ kennzeichnen: Selbstführung, die Suche nach Ganzheit und evolutionärer Sinn.

Der aktuelle Paradigmenwechsel zur sinnorientierten Unternehmensführung erkennt Wertschöpfen als Resultat des Sinnstiftens. Daniel Pink, früherer WIRED-Chefredakteur und Redenschreiber von US-Vizepräsident Al Gore, bringt es in seinem Buch *Drive: The Surprising Truth What Really Motivates Us* auf den Punkt: „Ziel dieser Unternehmen ist, nach Sinn und einem sinnvollen Beitrag zur Gesellschaft zu streben und Gewinn dafür nur als Katalysator zu nutzen, nicht als eigentliche Zielsetzung.“ Sinnorientiert arbeitende Organisationen müssen demnach nicht notwendigerweise not-for-profit angelegt sein. Auch klare For-profit-Unternehmen können sich nach dem Ziel „for purpose“ ausrichten. Ein solches sinnorientiertes Unternehmen verfolgt seinen definierten (und laufend weiterentwickelten) eigenen Zweck. Damit ist der evolutionäre Sinn gemeint, den englischsprechende Autoren meist als „purpose“ bezeichnen. Davon getrennt ist der individuelle Sinn der handelnden Personen zu sehen.

Das Start-up encode.org definiert seinen aktuellen Sinn so: „*To connect power, purpose and* work“. Bis Januar 2019 lautete er: „*Going Beyond Employment. Liberating purposeful work*“. In den letzten beiden Jahren hat es ein Unternehmensmodell entwickelt und selbst erprobt, das ich als Gesellschafterin mitgestaltet habe. Das Modell zeigt auf, wie die drei Kernbereiche Arbeit, Eigentum & Kapital und das Miteinander neu geregelt werden können: sinnorientiert, transparent, dynamisch, auf einem neuen Machtverständnis basierend und mit verteilter Autorität. Diese neuen Strukturen werden rechtlich im Gesellschaftsvertrag festgeschrieben und für alle drei Kernbereiche als neues Betriebssystem vereinbart. Neu auf der Tagesordnung steht mit dem neuen Betriebssystem for purpose und der For-Purpose-Enterprise das „eigentümerlose“ Unternehmen, in dem die Mitarbeitenden und Investoren den Sinn des Unternehmens verwirklichen. Encode.org nennt sie daher *Purpose Agents.* Sie wissen, dass persönliche Vorstellungen über Geschäftstätigkeiten, Sinn und Strategien die Entwicklung des Unternehmens eher gefährden, als dass sie ihm nutzen. Denn Unternehmen werden als Systeme betrachtet, die ein eigenes kreatives Potenzial besitzen. Purpose Agents bringen es hervor, aber legen es nicht fest. Als Think Tank und Beratungsunternehmen vermittelt encode.org dieses Modell an Interessierte weiter.

In Kapitel 1 des Buchs stelle ich vier wichtige Prinzipien auf dem Weg zum neuen For-Purpose-Betriebssystem vor. Dabei geht es um einige zentrale Fragestellungen: Was bedeutet es, wenn Sinn die neue Referenz wird? Und wie lässt sich Macht in einem sinnorientierten Unternehmen neu verteilen?

In Kapitel 2 lesen Sie, welche Konzepte Sie hinter sich lassen müssen, damit die neue Art des Arbeitens überhaupt entstehen und aufblühen kann.

Die Kapitel 3–5 des Buches stellen konkret dar, wie Zusammenarbeit im Unternehmen aussieht, wenn Sie das For-Purpose-Betriebssystem vollständig in Ihrem Unternehmen anwenden. Dazu müssen alle Beteiligten Arbeit, Miteinander und Eigentum & Kapital *for purpose* ausrichten. Wie das gehen kann, zeige ich ab Kapitel 3.

Im letzten Abschnitt, **Werde, wer Du bist**, zeige ich auf, wie sehr mich die neue Art des Arbeitens als Mensch geprägt und mir den Weg zu meinem individuellen Sinn eröffnet hat.

Wenn Ihr Unternehmen den Schritt zur Organisationsform der For-Purpose-Enterprise (FPE) unternimmt, die das Start-up encode.org entwickelt hat, wird es ein neues Betriebssystem für Arbeit, Eigentum & Kapital und Miteinander nutzen, welches die vier Prinzipien aus Kapitel 1 konkret und gleichzeitig umsetzt: kompromisslos *for purpose*. Damit es funktioniert, lässt das Betriebssystem alle bekannten Managementkonzepte hinter sich und definiert die Steuerung von Unternehmen ganz neu. Der Ansatz unterscheidet sich wesentlich von Hybridformen, bei denen alte Welt und neue Welt gemischt werden. Das hier vorgestellte For-Purpose-Betriebssystem grenzt sich von ihnen bewusst ab. Es ist ein in sich geschlossenes System, dessen Erfolg davon abhängt, sich von alten Managementkonzepten und Vorstellungen zu verabschieden. Das geht nur ganz oder gar nicht.

Das hier vorgestellte Betriebssystem baut auf der Holacracy®-Praxis als System der Selbstorganisation auf.[1] Im Buch wird die Holacracy-Praxis nur insofern beschrieben, als sie für das Verständnis der weiteren Inhalte erforderlich ist (Kapitel 3). Wer tiefer einsteigen möchte, dem sei das Buch *Holacracy: Ein revolutionäres Management-System für eine volatile Welt* von Brian J. Robertson ans Herz gelegt.

**Holacracy, Holakratie, Holokratie?
Welcher Name ist richtig?**

Der Name *Holacracy* ist ein Kunstwort und setzt sich aus den Begriffen Holarchie nach Arthur Koestler und -kratie (Herrschaft) zusammen. Eine Holarchie bezeichnet eine neue Art der Hierarchie, bei der die Bestandteile (Holonen) Teil des Ganzen und selbst ein Ganzes sind. HolacracyOne legt in seiner policy zur Nutzung der Marke fest, dass „Holacracy" nur in dieser Form geschrieben werden und ausschließlich als Hauptwort und nicht als Adjektiv benutzt werden soll. Bei prominenten Bezeichnungen muss das ®-Symbol genannt werden. Zudem soll „Holacracy practice" statt nur „Holacracy" verwendet werden. Daran halte ich mich in diesem Buch und spreche durchgängig von der „Holacracy-Praxis", die deutsche Übersetzung Holakratie verwende ich nicht, der oft genutzte Begriff Holokratie ist nicht korrekt.[2]

Das hier vorgestellt For-Purpose-Betriebssystem ist eine Möglichkeit, Selbstorganisation und Sinn im eigenen Unternehmen zu verwirklichen.[3] Dabei möchte ich eines sehr deutlich sagen: Mit der Umsetzung der vier Prinzipien in das neue Betriebssystem und das Organisationsmodell der For-Purpose-Enterprise ist weder der Weisheit letzter Schluss gefunden, noch der Weg schon zu Ende. Ich sehe es vielmehr als einen wichtigen Meilenstein auf dem Weg der Veränderung der Arbeitswelt an. Es gilt noch viel zu lernen, zu verändern und zu verbessern. Bei encode.org verwenden wir manchmal das Bild erster Automobile, bei denen noch gekurbelt werden musste, bis der Motor ansprang. Auch wir Gesellschafterinnen und Gesellschafter von encode.org kurbeln noch kräftig ...

„Ein wenig klingt es mir danach, als würdest du in deinem Buch die Erlösung versprechen wollen", sagte Konrad Bechler, Rechtsanwalt in Berlin, zu mir, als wir über das Buchprojekt sprachen. „Ich bin da skeptisch, zumal ich als Anwalt oft solche neuen Formen der Zusammenarbeit wieder auseinanderdividieren muss, wenn die Beteiligten mit der Zeit feststellen, dass sie unterschiedliche Vorstellungen von ‚Erlösung' hatten." Und damit hatte er einen zentralen Punkt, eine schwierige Gratwanderung angesprochen: Ich möchte Ihnen – möglichst strukturiert und informativ – diese neue Art der Zusammenarbeit vorstellen und viele konkrete Beispiele liefern. Gleichzeitig will ich deutlich machen, wie sehr mich diese Art des neuen Arbeitens als Mensch verändert und begeistert hat. Und wie sehr sie mir den Weg zu mir selbst eröffnete. Ich möchte Sie informieren und Sie inspirieren. Dieses Buch ist daher Management- und persönliches Buch zugleich.

Kapitel 1
Die vier Prinzipien auf dem Weg zu einem neuen Betriebssystem

„Was heißt eigentlich New Work für dich?“ fragte mich Heike vom European Women's Management Development International Network (EWMD), als wir über meine anstehende Keynote auf der Jahrestagung 2018 in Hamburg zum Thema „Inside out: Forschen, Arbeiten und Netzwerken in Zeiten von New Work“ sprachen. „New Work ist für mich mit Unternehmen verbunden, die sich neue, klare Regeln geben und sich konsequent danach ausrichten.“

In diesem Kapitel stelle ich vier Prinzipien für Unternehmen vor, die es allen Beteiligten ermöglichen, anders zusammenzuarbeiten.

- Ich zeige, was es bedeutet, wenn **Sinn (purpose) die neue Referenz für alles Handeln** im Unternehmen wird.
- Ich beantworte die Frage, wieso **Agilität und Transparenz** so wichtig sind.
- Ich erkläre, was mit der Anforderung gemeint ist, **Arbeit und Mensch differenziert** zu behandeln.
- Und ich diskutiere, wie sich **Macht in einem modernen Unternehmen neu verteilen** lässt.

Nur alle vier Prinzipien zusammen ermöglichen Selbstorganisation im Unternehmen. Wer diesen vier Prinzipien folgt, hat nicht nur den Weg zur Selbstorganisation beschritten. Dahinter steht auch die Erkenntnis, dass wir heute neue Formen der Zusammenarbeit brauchen, wenn wir anders miteinander umgehen, die Machtverteilung grundlegend neu regeln und wirklich selbstwirksam werden wollen.

Prinzip 1: Den Sinn (purpose) als oberstes Ordnungsprinzip des Unternehmens etablieren

Die Bedeutung von Sinn: Sinn (in der englischen Literatur: purpose) steht für das weitgehendste kreative Potenzial, welches das Unternehmen nachhaltig auf der Welt ausdrücken kann.

Warum Sinn (der Blick zurück): Viele Menschen gehen zur Arbeit, ohne den Sinn zu kennen. Sie erledigen zum Teil Routineaufgaben, ihnen fehlt der Blick für das große Ganze. Umfragen zur Motivation der Mitarbeiter machen die schlechte Stimmung in vielen Unternehmen deutlich. Sinn gibt Orientierung.

Wozu Sinn (der Blick nach vorn): Die Ausrichtung am Sinn des Unternehmens koppelt das Handeln für das Unternehmen an der eigenen Motivation an. Individueller Sinn setzt Energie frei und macht uns selbstwirksam.

„Denn sie wissen nicht, was sie tun" (im Original: „Rebel without a cause") war ein äußerst erfolgreicher US-Spielfilm (1955) mit James Dean – über eine tödliche Mutprobe, die Jugendliche aus Orientierungslosigkeit und Langeweile durchführen. Den amerikanischen Jugendlichen der 1950er-Jahre fehlte die Perspektive. James Dean, der vor Veröffentlichung des Streifens selbst tödlich verunglückte, schien diese Generation perfekt zu verkörpern. Der deutsche Filmtitel entlehnt sich einem Zitat des Apostels Lukas, der Jesus mit den Worten zitiert „Vater, vergib ihnen, *denn sie wissen nicht was sie tun.*" In etwa zu der Zeit, aus der jene Zeile stammt, brachte der römische Philosoph Seneca schon vor 2000 Jahren die Sinnfrage der Menschheit auf den Punkt: „Wer den Hafen nicht kennt, in den er segeln will, für den ist kein Wind günstig."

» Mehr Sinn wagen

Millionen von Menschen gehen täglich in die Arbeit, ohne zu wissen: Wozu? Abgesehen von dem Bedürfnis, den Lebensunterhalt sicherzustellen. Sie erledigen zum Teil Routineaufgaben, den meisten fehlt dabei aber das Verständnis über das große Ganze. Umfragen zur Motivation der Mitarbeiter machen die schlechte Stimmung in vielen Unternehmen deutlich.[1] Die Industrialisierung des 19. Jahrhunderts und die tayloristische Zerlegung der Arbeit in kürzeste, monoton-repetitive Ablaufabschnitte hat ihren Teil dazu beigetragen, dass einem Großteil der arbeitenden Bevölkerung der Sinn verloren gegangen ist.

Ich gehe davon aus, dass die wesentlichen Merkmale, die heute Arbeit ausmachen, in Zukunft mehr und mehr verblassen werden: der Acht-Stunden-Tag, autoritäre Strukturen, körperliche Arbeit, das tägliche Pendeln ins Büro, das gewohnte Höher-Schneller-Weiter, hoffentlich auch Burn-out und Bore-out. Die Arbeitswelt verändert sich. Die Digital Natives der Generationen Y und Z artikulieren ihren Wunsch nach neuen Arbeitsformen und flachen Hierarchien. Sie wollen eher nicht die Chefs von morgen sein und rufen gleichzeitig nach mehr Partizipation.

Dazu kommt, dass viele Berufstätige die Frage von Sinn nicht mit Organisationen oder Unternehmen verbinden, sondern diese verlassen, um Sinn zu finden. Oder sie halten sich von vornherein von Organisationen fern, um ihre Autonomie und Freiheit zu sichern. Im Schnitt haben sich in den zwei Jahrzehnten seit der Jahrtausendwende jedes Jahr eine Million Deutsche selbstständig gemacht. Immer mehr smarte Einzelunternehmer setzen ihre Geschäftsideen allein um (vgl. den Ansatz der Solopreneure[2]).

Was bedeutet Sinn?

Wenn wir Sinn zur neuen Referenz erklären wollen, müssen wir ihn definieren. Dazu ist eine zunächst unscheinbare sprachliche Feinheit wichtig für den Erkenntnisgewinn, die Torsten Scheller in seinem Buch „Auf dem Weg zur agilen Organisation" treffend herausarbeitet.

- Die Frage „**Warum** gibt es das Unternehmen?" ist rückwärtsgerichtet und liefert eine kausale Begründung.
- Die Frage „**Wozu** gibt es das Unternehmen?" dagegen ist vorwärtsgerichtet und ist der Schlüssel zum Sinn. Sie gibt Antworten auf weitere Fragen: „Wofür steht das Unternehmen?", „Was bewirkt das Unternehmen in der Welt?", „Welche Aufgabe soll das Unternehmen in der Welt erfüllen?"

Wenn sich Unternehmen mit der Sinnfrage befassen, schaffen sie eine Identifikationsfläche für ihre Mitarbeiterinnen und Mitarbeiter. Das ist die Antwort auf die Frage, **warum** ein Unternehmen sich mit Sinn beschäftigen sollte. Schaffen es Organisationen, ihren Sinn zu verfolgen, dann kommt es zur Potenzialentfaltung. Die Organisation ist erfolgreich und sinnstiftend zugleich. Als Mensch empfinden Sie sich als selbstwirksam und machtvoll. Dieses Empowerment stärkt das Unternehmen und das Individuum und ist die Antwort auf die Frage, **wozu** Unternehmen Sinn brauchen. Dieses Buch tritt dafür ein, die Dinge anders zu machen, die Arbeit anders zu gestalten und zuzulassen, dass sich Unternehmen am Sinn ausrichten.

Die Holacracy®-Verfassung (Version 4.1.) definiert den evolutionären Sinn einer Organisation in Art. 5.2. folgendermaßen:

> „Der Purpose der Organisation ist das weitgehendste kreative Potenzial, das sie nachhaltig in der Welt ausdrücken kann in Anbetracht aller auf sie wirkenden Einschränkungen und allem, was ihr zur Verfügung steht. Dies umfasst ihren geschichtlichen Hintergrund, ihre aktuelle Leistungsfähigkeit, die verfügbaren Ressourcen, Partner, ihren Charakter, ihre Kultur, Geschäftsstruktur, Marke, Marktkenntnis und alle anderen relevanten Ressourcen oder Faktoren."

Scheller betont in seinem Buch, dass Sinn generell „nur in Bezug auf andere Menschen denkbar" ist. Nur in Bezug auf Menschen – explizit auch in Bezug auf den Kunden – „ist unser Tun in Organisationen sinnvoll".[3] Sinn wiederum ist die Voraussetzung für Selbstorganisation. Denn Sinn gibt die Ausrichtung für das System, und ohne Sinnorientierung läuft die Selbstorganisation leer.

Der Sinn des Unternehmens ist frei wählbar. Durch das For-Purpose-Betriebssystem wird keine Ausrichtung vorgegeben. Der Sinn muss weder kreativ oder schön sein. Die verlässliche Säuberung der Straßen in Florenz kann ebenso ein Sinn sein, wie die Weltmeere plastikfrei zu bekommen. Wichtiger als Schönheit oder Kreativität ist, dass der Sinn tatsächlich gelebt wird und nicht allein für die Internetseite des Unternehmens beschrieben wurde. Theoretisch könnte der Sinn einer For-Purpose-Enterprise auch ein moralisch „schlechter" sein, wie z. B. die Ausstattung Jugendlicher mit Waffen oder die Durchführung von Überfällen. (Allerdings ist es sehr unwahrscheinlich, dass Menschen, die einen solchen „Sinn" verfolgen, sich gleichzeitig für progressive Unternehmensformen, wie die For-Purpose-Enterprise begeistern würden.)

Wenn Sie den Sinn des Unternehmens mit einer Kernbotschaft von ein oder zwei Sätzen beschreiben können, liefern Sie eine gute Identifikationsfläche für alle Mitglieder des Unternehmens, etwa:

Beispiele für Sinnformulierungen

- „We edcuate leaders who make a difference in the world" (Harvard Business School)
- „Soulbottles macht nachhaltiges Verhalten einfach!" (Soulbottles)
- „Mobile Ansprache von passiven Kandidaten" (mobileJob)
- „To improve lives with better water" (mitte®)
- „To connect power, purpose and work" (encode.org)
- „We believe that the battle for a sustainable future will be won or lost in our cities" (World of Walas)
- „rewriting the future of organization" (dwarfs and Giants)
- „Unlock power for purpose" (energized.org)

» Der Sinn des Individuums ist getrennt vom Unternehmenssinn

Der Sinn des Unternehmens ist nicht gleichbedeutend mit dem Sinn aller seiner Individuen (oder deren Summe). Er ist etwas Eigenes. Das Unternehmen ist ein lebendiges System mit einem eigenen Sinn und Sie als Individuum auch. Sie sind vom evolutionären Unternehmen eingeladen, Ihren individuellen Sinn zu erkunden und weiterzuentwickeln. Die einzige Grenze ist, dass individueller Sinn den Sinn des Unternehmens nicht vorgeben kann. Das verbieten der Gedanke der Selbstorganisation und die Autonomie des Unternehmens als ein von Menschen differenziertes System. Sie als Mitglied des Unternehmens können lediglich schauen, ob Ihr persönlicher Sinn mit dem Sinn des Unternehmens in Einklang ist („in alignment with its purpose"). Wenn Sie eines Tages entdecken, dass Ihr persönlicher Sinn nicht mehr für das Unternehmen förderlich ist, entscheiden Sie sich vielleicht in letzter Konsequenz Ihren Arbeitsplatz aufzugeben. Dies ist aber weniger besorgniserregend, als es klingt. Viele Menschen arbeiten heute in mehreren Unternehmen oder Projekten gleichzeitig – und reservieren sich zusätzlich Zeit für ihr Privatleben. Im Kapitel 5 befasse ich mich auch mit dem individuellen Sinn und wie Sie ihn für sich erforschen können.

» Den Sinn des Unternehmens erkunden

Um den **Sinn des Unternehmens** zu entdecken, hilft ein Blick auf das kreative Potenzial der Organisation. Franziska Fink und Michael Moeller beschreiben in ihrem Buch verschiedene Werkzeuge, um den Sinn einer konventionellen Organisation zu entdecken und zu formulieren.[4] Sinn zu erkunden setzt die Bereitschaft voraus, nach innen zu hören. Brian J. Robertson schreibt, man könne den Sinn eines Unternehmens nicht entscheiden, sondern müsse ihn „erlauschen".[5] Und dafür brauche man eher die Qualitäten eines Detektivs. „Das, was wir suchen, ist schon da und wartet darauf, gefunden zu werden.“ Sie können sich als Mentorin des Unternehmens verstehen, die den Raum dafür freimacht und freihält, damit das Unternehmen sich selbst entfalten kann. Diese Art der Mitarbeit umschreibt der Begriff Purpose Agent.

Unternehmen, die sich am Sinn orientieren

Einige Unternehmen sind auf ihrer Sinnsuche schon sehr weit, unter anderem auch deshalb, weil sie von Beginn an darauf Wert gelegt haben.

- Seele lässt sich nicht erzwingen, sagt das Start-up **subject:RESOUL**, das sich als Labor für zukunftsweisende Zusammenarbeit versteht und seit 2011 mit dem Purpose antritt: **on a mission for meaningful workplaces**. „Organisationen sind beseelt, wenn Menschen gemeinsam in ehrlicher Auseinandersetzung mit offenem Visier wesentliche Themen der Organisation gestalten und nach vorn bringen. Mit zeitgemäßen Organisationsstrukturen kann das die Regel werden. Besondere Momente sind Situationen, in denen Menschen ihre organisationalen Masken fallen lassen können und so in echten Kontakt kommen. Dann haben sie die Basis, die tatsächlichen Themen zu klären. Durch diese Klarheit entstehen häufig kraftvolle Folgeprozesse für die Organisation.“ Die Mitarbeitenden von subject:RESOUL führen gemeinschaftlich und haben die geteilte Verantwortung gesellschaftsrechtlich verankert.
- **Soulbottles**, ein Berliner Öko-Start-up für schadstoff- und plastikfreies Trinkwasser, wendet Elemente von Selbststeuerung an: **„Wo man sich als ganzer Mensch zeigen kann und der Alltag miteinander Spaß macht**. Wo wir unsere Aufgaben wirklich ernst nehmen und Freude daran haben, Dinge massiv voranzubringen. Statt innerlich gekündigt zu haben und sehnlichst auf das Wochenende zu warten. Wo wir 100-prozentig ehrlich miteinander sein können. Und wo wir diese Ehrlichkeit – so gut es geht – frei von Urteilen und mit Wertschätzung ausdrücken. Wo Führung nicht an ein paar Wenige delegiert wird, sondern alle in ihren Bereichen autonom mit unternehmerischem Geist loslegen können. Wo es klare, verlässliche Prozesse gibt, die dafür sorgen, dass aus Verbesserungsvorschlägen – egal von wem sie kommen – sinnvolle und konkrete Veränderung wird.“
- **dwarfs and Giants**, ein Wiener Start-up, das sich als innovativer Partner für Strategie und Organisationsdesign des 21. Jahrhunderts bezeichnet. „Our purpose: **Rewriting the future of organization. Catalyzing the evolution of wholesome organizations**.“ Ansprechende Organisationen bieten Menschen den Raum, ihr größtes Potenzial zu entfalten, heißt es sinngemäß auf der Website. In seinem Namen spielen die Gründer mit der Metapher, dass Zwerge auf den Schultern von Riesen am weitesten sehen. „The clarity of our purpose shapes and guides our work and how we organize ourselves. We live what we say. We practice what we want to catalyze in your organization.“

- **ESBZ**, eine Reformschule in Berlin, die weitgehend auf eine Schulleitung verzichtet, lässt Klassenlehrer im Idealfall als Tandem Frau/Mann arbeiten und Schüler in Teams lernen: „Unser Ziel ist es, **Kinder und Jugendliche im 21. Jahrhundert stark zu machen, ihre Zukunft verantwortungsbewusst zu gestalten.** Im Sinne der Agenda 2030 der Vereinten Nationen setzen wir uns als Schule bewusst für eine friedliche, gerechte, soziale und ökologisch nachhaltige Welt ein. Mutig, protestantisch und weltoffen. Wir verstehen unsere Schule als einen Lebens- und Erfahrungsraum in der Verantwortungsgemeinschaft von Kindern und Jugendlichen, ihren Eltern, den Pädagoginnen und Pädagogen und den Partnern unserer Schule."
- Eine Ausnahme in dieser Liste kleinerer Unternehmen stellt die **Deutsche Bahn** dar, die ich eingangs schon erwähnt habe. Trotz ihrer Größe experimentiert sie in einzelnen Bereichen, wenn auch vorsichtig, mit der Holacracy-Praxis: „Im Personalbereich und im Vertrieb probieren 50 Mitarbeiter hierarchiefreie Teams aus. Führung gibt es da in Form verschiedener Rollen, die die Mitarbeiter einnehmen – und es gibt nicht den einen Anweiser, der bestimmt. Jeder kann sich in Meetings telefonisch dazuschalten und mitreden. Auch bei der Wartung der Weichen haben wir ein selbstorganisiertes Team, bei dem es keine fremdgesteuerte Disposition mehr gibt. Es gibt ein klar definiertes Ziel, wie sie dort aber hinkommen, ist ihnen komplett selbst überlassen."

» Gewinn durch Sinn

Was Wert schaffen und Gewinn erzielen ***for purpose*** meint, hat Daniel Pink so treffend formuliert, dass ich das Zitat aus der Einleitung noch einmal wiederholen möchte:

„Ziel dieser Unternehmen ist, nach Sinn und einem sinnvollen Beitrag zur Gesellschaft zu streben und Gewinn dafür nur als Katalysator zu nutzen, nicht als eigentliche Zielsetzung."

Bei der Diskussion um Gewinn und Sinn beobachte ich einen Unterschied des sinnorientieren Arbeitens zur herkömmlichen Herangehensweise. Wenn ein Unternehmen sinnorientiert handelt, will es ebenso erfolgreich sein und Gewinn erzielen wie konventionelle Unternehmen. Nur dann kann es die guten Leute finden und bezahlen, die es braucht, um seinen Sinn erfolgreich zu realisieren. Für mich ist es geradezu die größte berufliche Herausforderung, den Erfolg des Unternehmens und das Geldverdienen auf der einen und die Selbstwirksamkeit auf der anderen Seite dauerhaft zu verbinden. Der Unterschied zum Arbeiten ohne handlungsleitenden Sinn liegt darin, dass der Sinn der Organisation sowie den Individuen die Energie gibt, ihr Potenzial zu entfalten, und dass die Gewinne daraus wie selbstverständlich folgen. Im konventionellen Umfeld erwirtschaften Sie erst Gewinne – viele Jahre lang – und überlegen sich dann (vielleicht erschöpft), was Ihnen eigentlich im Leben wichtig ist.

Eine evolutionäre Gesellschaft

Frederic Laloux beschreibt die Balance zwischen Sinn und Gewinn als Basis für eine neu entstehende evolutionäre Gesellschaft. Diese Gesellschaft hat eine andere Haltung im Umgang mit unserem Planeten: Nullwachstum und alternativer Konsum sind keine Reizwörter mehr, sondern eine Selbstverständlichkeit, wenn wir unseren Planeten am Leben erhalten möchten.[6] Die Zeichen des Klimawandels, der Ausrottung von Tierarten[7] oder der industriellen Landwirtschaft sind im Jahr 2019 nicht mehr zu verleugnen. Als Gesellschaft brauchen wir neue Antworten und das For-Purpose Betriebssystem ist eine mögliche. Hier werden Eigentümer und Investorinnen zu Purpose Agents, Vetreterinnen des Sinns in der Welt – Gewinn durch Sinn wird Realität.

Prinzip 2: Alles Handeln agil und transparent gestalten

Bedeutung von Agilität und Transparenz: Agilität meint eine bewegliche und sich anpassende Denk- und Verhaltensweise und Organisation von Unternehmen. Transparenz meint die Offenlegung von Informationen für alle im Unternehmen und damit den Abschied von Silos der Information.

Warum Agilität und Transparenz (der Blick zurück): Die VUKA-Welt voller Volatilität, Unsicherheit, Komplexität und Ambiguität erfordert eine schnellere Steuerung in kleinen Schritten, damit Unternehmen sich schneller anpassen können.

Wir erleben Silos der Information für privilegierte Klassen (Eigentümer, CEOs). Doch Einzelne können die Flut an Informationen nicht mehr handhaben und viele verlangen nach mehr Partizipation.

Wozu Agilität und Transparenz (der Blick nach vorn): Agile Unternehmen können die Kundenbedürfnisse schneller befriedigen. Transparenz ermöglicht erst das Lernen aus Fehlern und die Steuerung in der VUKA-Welt.

» Agilität

Der Begriff „agil" ist heute weitverbreitet. Vielleicht geht es Ihnen wie mir und Sie finden auch, dass er fast schon zu inflationär benutzt wird und in vielen Fällen zudem nicht klar ist, was genau agil meint. Muss wirklich jedes Unternehmen heute agil sein? Heißt agil, dass sich im Unternehmen täglich alles verändern muss, weil es sonst im Handumdrehen seine Kunden verliert und im Wettbewerb untergeht?

Die Wurzeln von *agil* im Unternehmenskontext reichen schon länger zurück und können nicht auf eine Person oder einen Ansatz allein bezogen werden. Aus der Kybernetik ist der Ansatz bekannt, Organisationen als lebende Organismen zu betrachten. Ausführlich beschreibt Torsten Scheller die Wurzeln der Agilität in seinem Buch *Auf dem Weg zur agilen Organisation*. In seiner Analyse[8] verfolgt er sie bis in 1930er-Jahre zurück, als der US-amerikanische Physiker, Ingenieur und Statistiker A. Shewart eine zyklische Vorgehensweise in Organisationen entwickelte, um Probleme zu lösen (den PDCA-Zyklus).

Agile Ansätze und Systemlösungen

Heute bekannte agile Ansätze sind zum Beispiel Scrum, Kanban, das Konzept des Organisationalen Lernens, Lean Management und Lean Thinking. Das von 17 Personen aus der Softwareentwicklung im Jahr 2001 verfasste „Agile Manifest" hält in Ergänzung der agilen Software-Entwicklungsmethoden die gemeinsamen Werte einer agilen Vorgehensweise fest und hat ebenfalls Einzug in den heutigen Sprachgebrauch gefunden. Somit setzt sich Agilität aus Werten und Prinzipien (z. B. Transparenz), Praktiken (z. B. Story Cards), Methoden & Frameworks (z. B. Scrum) und Prozessen (z. B. der Ablauf von der Produktidee bis zur -entwicklung) zusammen, auch wenn die Terminologie nicht eindeutig ist.[9] In dieser Aufzählung fehlen die agilen Modelle, die sich auf das gesamte Unternehmen und seine interne Organisation beziehen („Systemlösungen"). Dazu zähle ich die Soziokratie und die Holacracy-Praxis. Bernd Oestereich und Claudia Schröder nennen als zwei weitere

Organisationsmodelle die Pfirsichorganisation und die von ihnen entworfene Kollegiale Kreisorganisation.[10]

Das Akronym „AGIL" geht auf Talcott Parsons (1902–1979) zurück, der mit dem AGIL-Schema die vier notwendigen Bestandteile eines Systems beschrieb, die es braucht, um in seiner Umwelt zu überleben:

- **A**daptation (Anpassung)
- **G**oal Attainment (Zielverfolgung)
- **I**ntegration (Zusammenhalt und Einschluss herstellen und absichern)
- **L**atency (grundlegende Strukturen und Wertmuster aufrechtzuerhalten)

Mit dem Schema[11] wird klar: Ein Unternehmen muss seine Produkte, Prozesse oder internen Strukturen nicht täglich ändern, um im Wettbewerb zu überleben. Es muss jedoch **in der Lage sein**, sich im Rahmen einer definierten Ausrichtung geänderten Kundenanforderungen laufend anzupassen („adaptation" und „goal attainment"). Als Gegenpol braucht es „integration" und „latency". Torsten Scheller bringt den Begriff auf eine griffige Kurzformel: „Lernen durch Experimente bedeutet Agilität".[12] Und schon Charles Darwin sagte: „It is not the strongest of the species that survives, nor the most intelligent, **but the one most responsive to change.**"

» Warum Agilität und warum Transparenz?

Schon im Jahr 2009 sagte Gary Hamel auf dem World Business Forum: „Die Welt wird immer unruhiger, aber die Anpassungsfähigkeit der Unternehmen wächst nicht im gleichen Maße. Die Organisationen wurden nicht für diese Art von Veränderungen konzipiert".[13]

Agilität ist nicht immer und überall gut. Sie ist der Gegenspieler zu Kontinuität und Tradition. Ein agiles und transparentes Vorgehen ist für Unternehmen allerdings ein MUSS, wenn sie in der VUKA-Welt tätig sind.

VUKA ist das zweite Akronym in diesem Kapitel. Es steht für eine Welt, deren Kennzeichen sind:

- V für Volatilität,
- U für Unsicherheit,
- K für Komplexität,
- A für Ambiguität bzw. Ambivalenz.

Unternehmen, deren Umwelt nicht volatil, unsicher, komplex und ambivalent ist brauchen kein agiles Vorgehen. Doch: Wo gibt es solche Branchen noch?

Der Begriff **Volatilität** ist vor allem aus dem Finanzwesen bekannt. Er bezeichnet dort „das Ausmaß der Schwankungen von Preisen oder Aktienkursen innerhalb einer kurzen Zeitspanne".[14] Heute ist nicht nur das Finanzwesen volatil, sondern die Volatilität dehnt sich auf die gesamte Welt aus. In einem volatilen Umfeld können Sie die Entwicklungen für ihr Unternehmen nicht mehr in Fünfjahresplänen vorhersagen. Sie können auch nicht vorausschauend Reaktionspläne für jede neue mögliche Situation entwickeln.

Komplexität bezeichnet die Vielschichtigkeit und Verwobenheit mehrerer zusammenhängender Elemente. Komplexität ist insbesondere für Systeme – Gesellschaften, Organisationen, Teams etc. – typisch. Komplexität ist abzugrenzen von Kompliziertheit. Ein Uhrwerk ist kompliziert, d. h. es besteht zwar aus einer Vielzahl von miteinander verschränkten Einzelteilen, doch es ist in seinem Verhalten letztlich vorhersehbar, weil die Abläufe linear überschaubar sind. Dasselbe gilt jedoch nicht für komplexe, non-lineare Systeme.

Ich habe den Begriff **Unsicherheit** nicht vergessen. Nur kontrastiert er sich perfekt zur **Ambiguität (Ungewissheit)**. In der Unsicherheit erkennen Sie die kausale Ursache-Wirkungs-Beziehungen, nicht jedoch die Eintrittswahrscheinlichkeiten der Ereignisse. In der Ambiguität oder Ungewissheit kennen Sie bereits die Ursache-Wirkungs-Beziehungen nur in geringem Maße – eine Folge der Non-Linearität komplexer Systeme. Wir haben es hier mit neuen Phänomenen zu tun, die mehrdeutig oder gar paradox sind.[15]

VUKA ist eng mit dem digitalen Wandel verbunden. Die neuen Technologien haben ein Umfeld für Unternehmen geschaffen, in dem laufende Veränderung, Disruption durch neue Geschäftsmodelle und das Auftreten unerwarteter Wettbewerber auf der Tagesordnung stehen. Unternehmen, die diesen Wandel gestalten möchten, durchlaufen eine technologische und eine kulturelle Transformation. Die Einführung von Selbstorganisation unterstützt Unternehmen auf diesem Weg, mein Kollege bei encode.org Dennis Wittrock bezeichnet sie gar als „evolutionären Fitnessfaktor".[16]

» Agile Vorgehensweise

Frederic Laloux hat in *Reinventing Organizations* die verschiedenen Formen der Zusammenarbeit in Organisationen über die letzten Jahrtausende beschrieben. Die heute in globalen Unternehmen vorherrschende Form der Zusammenarbeit nennt er das moderne leistungsorientierte Paradigma, das wir alle kennen. Das Unternehmen funktioniert nach der vorherrschenden Metapher dieses Paradigmas wie eine Maschine, mit den Menschen als Zahnrädern. Die Vorzüge davon sind Innovation,

Verlässlichkeit und Leistungsprinzip.[17] Führung in diesen Organisationen ist nach Laloux zielgerichtet und auf die Lösung greifbarer Probleme gerichtet. In diesen Organisationen gilt daher die nicht hinterfragte Überzeugung, dass Führungspersonen durch Vorhersage und Kontrolle steuern können.

Noch bis heute glauben viele Unternehmenslenker, dass sie alles von A–Z planen könnten und dann nur noch die Planerfüllung durch die Angestellten kontrollieren und mit Anreizsystemen begleiten müssten. Auch die Personalführung mit Zielen ist heute noch in den meisten Wirtschaftsunternehmen wie Siemens, Telekom oder Volkswagen an der Tagesordnung.

> Diese klassische Vorgehensweise datiert aus den Zeiten des Taylorismus, als die zu lösenden Probleme entweder einfach oder zwar kompliziert waren, sich dann jedoch von Experten in Einzelteile zerlegen und gut planen ließen.[18]

Im Gegensatz dazu steht die agile Vorgehensweise, die im Umfeld von Komplexität das Mittel der Wahl ist. Brian Robertson unterscheidet im Zusammenhang mit Strategie und Prozesskontrolle zwischen „Vorhersage“ (klassische Vorgehensweise) und „Prognose“ (dynamische Vorgehensweise).[19] Die Prognose (im Englischen *projection*) nach der Holacracy-Praxis stellt keine Vorhersage auf, wie die Situation in fünf Jahren sein wird. Stattdessen „wirft sie“ auf Basis von Daten einen Blick nach vorn und plant auf dieser Basis in kleinen Schritten, was zu tun ist (Lateinisch *pro* = „vorwärts“ und *jacere* = „werfen“). Eine Prognose mitzuteilen beinhaltet daher keinerlei Garantie über die Fertigstellung eines Arbeitsergebnisses. Es ist lediglich ein Akt des Teilens von gegenwärtigen Daten zum Zwecke der transparenten Steuerung und bewussten Priorisierung. Bei der agilen Vorgehensweise wissen die beteiligten Menschen in den Unternehmen nicht vorher, was bei den nächsten Schritten und Experimenten herauskommt. Das ist das Wesen eines Experiments! Sie machen daher viele kleine Schritte, planen nur über kurze Zeiträume, sodass die Risiken minimiert und die Lerneffekte maximiert werden.[20] So lernen die Menschen im Unternehmen und so lernt das Unternehmen. Im Abschnitt zum ersten Prinzip haben Sie gelesen, dass Sinn nur in Bezug auf andere denkbar ist. Dieser andere ist bei Wirtschaftsunternehmen der Kunde, den Sie permanent erfreuen möchten. Ob ein Unternehmen die *richtigen Dinge* tut, erfährt das Unternehmen nur im Dialog mit den Kunden. Die Dinge sodann *richtig zu tun*, ist Aufgabe aller Mitglieder im Unternehmen. Sie müssen miteinander ausprobieren und lernen, welches das passendste Handeln ist. Scheitern gehört dazu und birgt in sich den Weg kontinuierlicher Verbesserung.

» Transparenz

Ein zentrales Prinzip der agilen Vorgehensweise ist Transparenz. Die Duden-Redaktion übersetzt den Begriff mit „Durchschaubarkeit, Nachvollziehbarkeit“. Transparenz im agilen Kontext meint zweierlei. Zum einen meint Transparenz die größtmögliche Offenlegung von Fehlern und von Hindernissen auf dem Weg, die Kunden zu erfreuen. Nur durch das transparente Teilen eines Scheiterns oder von Hindernissen können Sie und können andere Mitglieder der Organisation lernen und in der Folge das Angebot gegenüber den Kunden verbessern.

In seinem Vortrag „Wings of Change“ vor Anwältinnen und Anwälten legte Lufthansa-CEO Carsten Spohr informativ und mit Charme dar, wie die Luftfahrt permanent aus jedem kleinen Fehler lernt. Wenn sie das nicht täte, könne ein großer Fehler viele Menschenleben kosten. Auch wenn nicht jedes Unternehmen viele Menschen von einem Ort an einen anderen transportiert, so können auch andere Unternehmen nur lernen, wenn sie wissen, was nicht gut läuft. In vielen Branchen herrscht jedoch eine Kultur der Fehlerintoleranz. So kenne ich es aus einigen Anwaltskanzleien; es ist wichtiger, sein Gesicht zu wahren, als einen Fehler einzugestehen. Der bekannte Coach Marshall Goldsmith erzählt in einem Video „overcoming ego“ die Geschichte von einem Wissenschaftler und Arzt.[21] Dieser hatte eine Checkliste für Operationen entwickelt, die das Ziel hatte, die Sterblichkeitsrate massiv zu reduzieren. Doch sie wurde in den Krankenhäusern nicht angewendet. Warum? Ein Punkt auf dieser Checkliste war, dass die Schwester den Chefarzt (beachten Sie die Geschlechterverteilung) daran erinnern sollte, seine Hände zu waschen. Wie kann der Halbgott in Weiß es nur nötig haben, erinnert zu werden? Wie könnte er so etwas Wichtiges je vergessen? Dann lieber den Tod des Patienten in Kauf nehmen ...

Zum anderen stellt eine transparente Informationslage die Basis zur (Selbst-) Steuerung des Unternehmens durch alle Mitglieder der Organisation dar. Wenn es keinen Manager oder Chef mehr gibt, der *zentral* Vorgaben macht, dann müssen möglichst alle relevanten Daten *dezentral* verfügbar sein. Wer an der Steuerung beteiligt ist, muss wissen, welche Experimente schon gelaufen sind und welche Daten darüber bereits gesammelt wurden. Sie nutzen die Daten, um den nächsten kleinen inkrementellen Schritt, die nächste Aktion und das nächste Projekt zu planen.

> In der Form der radikalen Transparenz gibt es keinerlei Silos an Informationen für einzelne Personen mehr.

Alle Mitglieder des Unternehmens haben gleichen Zugriff auf alle Informationen (in dem Maße, wie es mit rechtlichen Datenschutz-Vorgaben vereinbar ist). Bei encode.org nutzen alle Mitglieder den cloud-basierten Dienst von Google Drive, wo alle Informationen von Budget über Kennzahlen und Vergütungen bis zu den Kundenbeziehungen hinterlegt sind.

» Wozu Agilität und wozu Transparenz?

Im Gegensatz zu „Warum“ ist die Frage nach dem „Wozu“ zukunftsgerichtet. Wozu nützen Agilität und Transparenz? Die Antwort ist schnell gegeben. Da sich Kundenbedürfnisse volatil ändern können, komplex und mehrdeutig sind, müssen Unternehmen beweglich und schnell sein und in kleinen Schritten mithilfe von Experimenten nachsteuern können. Sie brauchen Agilität und Transparenz, um ihre Kunden in einem dynamischen Geschäftsumfeld mit Ihren Produkten oder Dienstleistungen fortlaufend erfreuen zu können.

Agilität und die damit verbundene Transparenz stellen „eine andere Art und Weise dar, wie wir (zusammen-) arbeiten, wie wir uns organisieren und wie wir uns (gemeinsam) verändern. In der Konsequenz ist Agilität ein Kulturwandel und stellt einen radikalen Bruch mit Althergebrachtem – insbesondere dem Taylorismus – dar. Agilität ist damit Anti-Taylorismus“.[22]

Prinzip 3: Arbeit und Mensch differenzieren und integrieren

Die Bedeutung des dritten Prinzips: Das Harvard-Prinzip des Verhandelns postuliert, „Probleme und Menschen getrennt zu behandeln". Finden wir in einer Verhandlung keine sachliche Lösung, wenden wir uns den Menschen zu, um danach wieder zur Sache zu kommen. Mein drittes Prinzip führt diesen Ansatz weiter und differenziert beide Bereiche organisatorisch komplett. Bei Arbeitstreffen haben persönliche Themen außen vor zu bleiben. Die Begegnung von Mensch zu Mensch findet zu anderer Zeit und in anderem Kontext statt, dafür jedoch sehr intensiv!

Warum Arbeit und Mensch differenzieren (der Blick zurück): Viele Unternehmen vermischen Arbeitsthemen und menschliche Themen. Endlose Diskussionen auf der Suche nach Konsens lähmen uns („Tyrannei des Konsenses"). So verbannen viele Führungskräfte das Menschliche aus den Unternehmen, ohne dass dies gelingt. Im Ergebnis kommt beides zu kurz.

Wozu Arbeit und Mensch differenzieren (der Blick nach vorn): Die Menschen bekommen im Unternehmen die volle Aufmerksamkeit und die Arbeit ebenso, nur nicht zur gleichen Zeit. Dieses Vorgehen ermöglicht Effizienz der Arbeit und eine starke Kultur.

„Differenziere Arbeit und Mensch" – was soll das bedeuten? Hören Menschen auf, die Arbeit zu erledigen? Übernehmen Roboter die Regie? Nein. Die Differenzierung von Mensch und Arbeit bedeutet, dass Sie beiden Bereichen volle Aufmerksamkeit schenken – nur nicht gleichzeitig und nicht in demselben Kontext innerhalb des Unternehmens (Differenzierung). In einem zweiten Schritt schauen Sie wieder ganzheitlich auf beide Bereiche (Integration). Dadurch erreichen Sie, dass sich Arbeit und Mensch nicht unproduktiv vermischen, sondern sich deren jeweiliges Potenzial entfalten kann. Das ist der Sinn des dritten Prinzips, das ist Ihr *wozu*.

» Zwei konventionelle Strategien im Umgang mit Arbeit und Mensch

In konventionellen Unternehmen beobachte ich hingegen zwei andersgeartete Strategien im Umgang mit Arbeit und Mensch, die ich zunächst beschreibe. Sie führen aus meiner Sicht nicht zum Erfolg und sind von daher der Grund, *warum* es das dritte Prinzip gibt.

Strategie 1: Das Menschliche in die Verbannung

In vielen Wirtschaftsunternehmen herrscht ein Durcheinander von Sache und Mensch. Es gibt zahlreiche unproduktive Sitzungen und ineffiziente Momente der Zusammenarbeit. Die Beteiligten drehen sich im Kreis auf dem Weg, im Konsens eine sachliche Lösung zu finden. Die Interessen der Beteiligten oder die Ängste ihrer Egos werden dabei nicht thematisiert. So investieren alle viel Zeit und Energie in den Kampf, den eigenen Vorstellungen im Unternehmen doch noch Geltung zu verschaffen, ohne dabei zwischen sachlichen und menschlichen Aspekten zu differenzieren. Als Moderatorin habe ich zahlreiche solcher Treffen erlebt und in Verhandlungen mit Betriebsräten ebenfalls. Dieser Kampf bringt so viele Diskussionen in Unternehmen zum Stillstand – und treibt so manchen Kollegen in den Wahnsinn. Die Verhandlungsforschung hat eindrücklich belegt, wie schädlich das Durcheinander von Sache und Mensch für gute Ergebnisse ist[23] – und es findet dennoch laufend statt. Die Beteiligten sind sich dieser schädlichen Dynamik häufig nicht bewusst und erkennen nicht, dass es die Vermischung ist, die das Vorankommen der Organisation und den Erfolg des Unternehmens verhindert, nicht die Menschen. Darauf haben einige Führungskräfte reagiert und das Menschliche, Sentimentale, Spirituelle und Immaterielle aus den Unternehmen verbannt.

Die rationale, maskuline Seite des Menschen und des Unternehmensgeschehens steht stattdessen im Zentrum der Aufmerksamkeit. Das berufliche Selbst ist von den zarteren, persönlicheren Anteilen der Person getrennt und aus dem Unternehmensalltag verbannt. Gefühle oder gar Spiritualität spielen keine Rolle, es geht vor allem um Inhalte. Manche sprechen gar von dem Arbeitsanzug, den ich morgens an- und abends wieder ablege. Sichtbar bleiben das Rationale und Materielle, das Menschliche wirkt dagegen machtvoll unter der Wasseroberfläche, wo sich bekanntermaßen sechs Siebtel des Eisbergs befinden ...

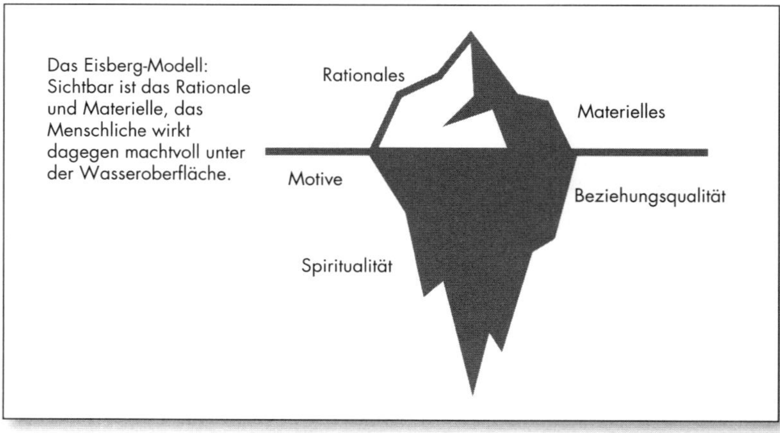

Abb. 1: Eisberg-Modell

Auch in der Betriebswirtschaftslehre dominiert das Verständnis vom *homo oeconomicus*, den Adam Smith vor 250 Jahren beschrieb. Der rational handelnde Mensch trägt in der Wirtschaft zu Wertzuwachs im Unternehmen bei, stärkt die Erwerbstätigkeit und steigert so das Volkseinkommen. Dieses Konstrukt über die Rolle des Menschen war vor allem gut geeignet, um ökonomische Modelle zu erstellen und durchzurechnen.[24] Weniger gut eignet es sich, um die Realität in den Unternehmen zu erfassen und vor allem zu gestalten.

Strategie 2: Das Menschliche zurück in die Arbeit

Wir brauchen andere Antworten in der Unternehmensführung, sagen andere. Wir müssen die Empathie und das Menschliche aus der Verbannung und zurück in die Unternehmen holen und die Wirtschaft damit revolutionieren. Forschungsergebnisse legen nahe, dass ein Mensch, der altruistisch denkt, auch im Job nachhaltigere Entscheidungen fällt. Es gibt also handfeste Gründe für Empathie und die Beschäftigung mit den Motiven der Handelnden in der Wirtschaft.[25] Auch die Leadership-Literatur vertritt, dass wir den „Humble Leader" brauchen, der ehrlich und authentisch ist, über Gefühle redet, durch Bescheidenheit glänzt und sein Gegenüber fördert. Und das von Frederic Laloux beschriebene Paradigma familiärer Unternehmen betont die Kultur und die Kraft des Miteinanders. Die diesem Unternehmen zugrundeliegende Weltsicht betont die Gefühle der Menschen im Unternehmen stark. Alle Perspektiven verdienen in diesen Unternehmen den gleichen Respekt. Verbundenheit und Zugehörigkeit haben einen sehr hohen Stellenwert.

Über den Vorteil nachhaltigerer Entscheidungen hinaus gibt es noch einen anderen Grund für die Wiedereinbeziehung des Menschlichen in die Wirtschaft. Jede Verbannung hat ein Problem: Das Verbannte bahnt sich seinen Weg zurück, zumeist indirekt.[26]

Es gibt also gute Gründe, das Menschliche wieder in die Arbeit zu integrieren. Allerdings entstehen damit zwei neue Probleme. Erstens gibt es zu wenige dieser bescheidenen, authentischen und vertrauensvollen Führungskräfte. Jeffrey Pfeffer legt in seinem Buch „Leadership Bullshit" anschaulich dar, dass zwar viel von „Humble Leader" und „Empowerment" geschrieben und geredet werde. Diese altruistische Denke und Bescheidenheit sei in der Realität der harten Machtpraxis in den Unternehmen jedoch nicht anzutreffen. Er empfiehlt daher allen, sich auf dem Weg nach oben von der Hoffnung und dem Glauben an die gerechte Welt zu verabschieden. Wer nach oben wolle, müsse nun mal die Spielregeln der Macht kennen.[27]

Zweitens riskieren Unternehmen mit einem Vorrang für eine Kultur des Miteinanders, dass (zu) viele Meetings stattfinden, bei denen versucht wird, Konsens zu erzielen, „alle mitzunehmen" und niemanden vor den Kopf zu stoßen. Diese Suche nach Konsens kann die Entscheidungsfindung lähmen und lässt die Menschen unzufrieden zurück. Zudem, schreibt Frederic Laloux, würden im Streben nach Konsens häufig Machtkämpfe hinter den Kulissen ausbrechen, womit niemandem gedient sei. „Wir können Macht nicht einfach wegwünschen“.[28]

Und wir sind wieder am Anfang: „Zu viel Mensch bei der Arbeit.“ Unternehmen brauchen daher neue Antworten. Antworten, die sie mit dem dritten Prinzip finden.

» Das dritte Prinzip als Alternative

Die dritte und hier bevorzugte Vorgehensweise ist die Differenzierung von Arbeit und Mensch im Unternehmen. Hier begrüßen Sie das Menschliche und verbannen es nicht. Gleichzeitig halten Sie es aus der Arbeit heraus und integrieren es auf einer anderen Ebene ganzheitlich in die Organisation. In der Ausgestaltung geht diese Strategie über das Harvard-Konzept des Verhandelns hinaus. Für den Bereich der Verhandlungsführung haben die Autoren des Harvard-Konzepts die getrennte Behandlung von Sache und Mensch bereits Ende der 1970er-Jahre postuliert (Harvard-Prinzip 1: „Trennen Sie Menschen und Sachfragen“). Wenn Sie in einer Verhandlung bemerken, dass menschliche und zwischenmenschliche Themen eine sachliche Lösung verhindern oder erschweren, dann müssen Sie zuerst mit psychologischen Methoden die zwischenmenschlichen Themen klären. Sie unterbrechen die Verhandlung in der Sache und kümmern sich um die Ebene Mensch. Erst anschließend führen Sie die Verhandlung wieder zurück zu den Sachthemen. Es geht also um ein Abwechseln der Ebenen. Damit meinen die Autoren übrigens gerade nicht, „die Probleme mit den Menschen unter den Teppich zu kehren“, wie sie von einigen Leserinnen und Lesern missverstanden wurden. Stattdessen treten sie dafür ein, dass „menschliche Probleme oft mehr Aufmerksamkeit als Sachfragen erfordern“ und von daher einen wichtigen Platz in Verhandlungen einnehmen sollten.[29]

„Woraus besteht eine Organisation?“, fragt Chris Cowan in einem Blogpost. „Aus den Menschen“, wird oft geantwortet. Wer Arbeit und Mensch trennt, sieht es anders.

Eine Organisation besteht aus den Aufgaben, die notwendig sind, den Sinn zu verwirklichen. Die Menschen dienen der Organisation mit ihrer Energie, um diese Aufgaben zu erledigen und dadurch den Sinn zu verwirklichen. Sie sind die Lebensenergie der Organisation, nicht aber ihr Bestandteil – so wie Kraftstoff nicht Bestandteil eines Automobils ist.[30] Der deutsche Soziologe Niklas Luhmann (1927–1998) hat im Rahmen seiner Theorie sozialer Systeme die These aufgestellt, dass der Mensch nicht ein Teil des sozialen Systems (Gesellschaft, Organisation, Interaktion) ist, sondern ein Teil der Umwelt des sozialen Systems. Er sagt, dass zum Beispiel die Zerlegung des Systems „Organisation“ zu Abteilungen, Rollen und kommunikativen Akten führt. Niemals jedoch zu Menschen oder

Teilen von Menschen.[31] In Abgrenzung zur humanistischen Tradition, bei der der Mensch im Zentrum steht, führt Luhmann somit eine scharfe System-/Umwelt-Trennung ein.[32] Aus dieser grundlegenden Trennung leitet Luhmann auch die Unterscheidung von Rolle und Mensch her. Der Mensch ist außerhalb des sozialen Systems und von daher können an ihn keine Erwartungen innerhalb des sozialen Systems gestellt werden. Wohl aber können die Mitglieder der Organisation als soziales System Erwartungen an eine Rolle haben. Die Rolle ist der Ausschnitt eines Verhaltens, der grundsätzlich von vielen, auswechselbaren Menschen wahrgenommen werden kann.[33]

Das dargestellte dritte Prinzip übernimmt die von Luhmann entwickelte Trennung zwischen System und Umwelt. Anders als beim Harvard-Konzept differenzieren Sie in Ihrem Unternehmen die Bereiche Mensch und Arbeit eindeutig und strukturell.

Daher genügt es nicht, diese lediglich nacheinander in demselben Gespräch zu behandeln. Vielmehr gibt es nach dem dritten Prinzip in Ihrem Unternehmen keine zwischenmenschlichen Diskussionen, wenn ein Arbeitstreffen stattfindet. Die Arbeitstreffen dienen der Arbeit. Hier steht die Effizienz der Organisation (des Systems) im Vordergrund, und es geht allein um die Erledigung der Arbeit, um den Sinn zu verwirklichen. So kann es bei einem Arbeitstreffen beispielsweise darum gehen, die beste interne Struktur für Ihr Unternehmen zu finden, die den Sinn der Organisation unterstützt. Wenn eine Abteilung, in der ich arbeite, geschlossen wird, hat dies nichts mit mir als Mensch zu tun. Es geht darum, die Arbeit besser zu organisieren.

Ich erinnere mich noch sehr lebendig daran, als zu Beginn meiner Tätigkeit bei encode.org eine Abteilung im Wege eines Steuerungsmeetings geschlossen wurde – und das, obwohl ich aufgrund meines Urlaubs an dem Treffen nicht teilnehmen konnte. Ich war empört! So musste ich erst lernen, dass diese Entscheidung mit mir rein gar nichts zu tun hatte. Auch musste ich erst verstehen, dass mir darüber auch keiner berichtete – im Sinne von „Du, die Abteilung ABC wurde eingestampft, da warst du doch auch drin" oder so ähnlich. Denn einen solchen persönlichen Anspruch habe ich als Mitglied des Unternehmens gar nicht, zumal ich mir die Information durch Lektüre der Sitzungsprotokolle selbst beschaffen kann. Statt um meine Bedürfnisse ging es darum, für encode.org eine passendere interne Struktur für die anstehenden Aufgaben zu finden. Und das war in der Sitzung geschehen.

Auch bei der Besetzung einer Aufgabe zählt nur die Eignung einer Kandidatin, diese gut zu erledigen. Die persönlichen Gefühle oder Ängste des Egos, wenn jemand bei der Vergabe nicht bedacht wird, müssen beim Arbeitstreffen außen vor bleiben. Wenn ein Mensch, mit dem ich zusammenarbeite, die in der Aufgabe niedergelegten Erwartungen nicht erfüllt, dann kann ich diese Ist-/Solldifferenz sehr wohl in einem Arbeitstreffen zur Sprache bringen. Eine persönliche Enttäuschung über meine Kollegin hat in dem Treffen jedoch nichts zu suchen.

Durch die Differenzierung zwischen Mensch und Arbeit können Sie sogar den Umgang mit narzisstischen Persönlichkeiten besser gestalten und derartige Einflüsse aus der Arbeit heraushalten. So bekommen Sie durch die Differenzierung von Arbeit und Mensch neue Antworten auf alte Thematiken.

Außerhalb von Arbeitstreffen gibt es hingegen zahlreiche akzeptierte Methoden und Gelegenheiten, von Mensch zu Mensch ins Gespräch zu kommen. Die Kultur von For-Purpose-Unternehmen ist sehr stark, die Menschen fühlen sich ihren Werten tatsächlich verbunden. Konkret heißt dies: Für alles, was Ihnen wichtig ist, was Sie betrifft und emotional berührt, gibt es einen eigenen Raum bzw. eine gesonderte Gelegenheit des Austausches. Ein Unternehmen, das dem dritten Prinzip folgt, nimmt sich Zeit für die Kultur, für das Miteinander, für den persönlichen Weg der Entwicklung. Sie erleben an Ihrer Arbeitsstelle einen wohlwollenden Platz, einen Raum für persönliche Weiterentwicklung, kurz: ein Unternehmen, das sich um seine Mitglieder sorgt. Insgesamt zeigen alle mehr Mut zum Menschsein, mehr Mut zum Ich-sein. Viele Menschen berichten, dass sie in solchen Organisationen sie selbst sein können. Für viele fühlt es sich so an: „Hier darf ich Ich sein!“. Hier darf ich für mich sorgen, ohne mich rechtfertigen zu müssen. Sie können sie selbst sein und schwache wie starke Seiten von Ihnen teilen oder auch gar nichts sagen. Ganz, wie es gerade für Sie richtig ist. Unternehmen, die dem dritten Prinzip folgen, streben nach Ganzheit.

Der wesentliche Unterschied zu der von Laloux beschriebenen integralen Organisation besteht beim For-Purpose-Betriebssystem darin, dass Mensch und Arbeit hier sehr klar differenziert werden, um sich nicht gegenseitig in die Quere zu kommen. So können Sie dem Sinn des Unternehmens in der Welt besser Geltung verschaffen.

Es gibt meines Wissens aktuell nur ein Organisationsmodell, das diese klare Differenzierung von Arbeit und Mensch ermöglicht: die Holacracy-Praxis. Auch die Soziokratie unterscheidet nicht in gleichem Maße zwischen Arbeit und Mensch, sondern nimmt menschliche und zwischenmenschliche Einwände in das Entscheidungsverfahren (den Konsent, mit „t“) hinein. Das Regelset Holacracy steht dem Menschlichen indifferent gegenüber – es versucht sich möglich nicht ins Zwischenmenschliche einzumischen, verlangt im Gegenzug aber auch eine Nichteinmischung des Zwischenmenschlichen in die Arbeit. Daher wird Holacracy manchmal als „unterkühlt“ beschrieben (nicht selten von Menschen, die nur über die Holacracy-Praxis gelesen haben). Das For-Purpose-Betriebssystem als ein wertschätzender Schritt über Holacracy hinaus ist jedenfalls Ausdruck einer expliziten Offenheit für alles Menschliche. Diese Haltung ist zentral im Unternehmen verankert (im Kontext Mensch). Sie kommt nur dann nicht zur Anwendung, wenn die Arbeit im Vordergrund steht. Dann bleiben die menschlichen Themen außen vor und können später als Perspektive integriert werden. Das – und nur das – meint die Differenzierung von Arbeit und Mensch.

Prinzip 4: Die Macht neu verteilen

Was heißt, die Macht neu verteilen? Üblicherweise geht es bei Fragen zur Macht um den Einfluss in sozialen Beziehungen. Im vierten Prinzip bedeutet Macht dagegen, sich selbst zu ermächtigen.

Warum die Macht neu verteilen (der Blick zurück): In vielen Unternehmen erleben die Mitarbeiterinnen und Mitarbeiter ein Macht-Ungleichgewicht. Führungskräfte delegieren mir Aufgaben und ermächtigen mich. Ich muss um Erlaubnis fragen und erhalte Feedback. Eigentümer können den Kurs des Unternehmens bestimmen und die Gewinnmaximierung vorantreiben. Diese Machtverhältnisse stellen viele Menschen nicht mehr zufrieden.

Wozu die Macht neu verteilen (der Blick nach vorn): Eine neue Machtverteilung in sozialen Beziehungen enthebt den Machiavellischen Ansatz, der Mensch sei darauf aus, andere zu beherrschen, seiner Grundlage. Macht ist nicht mehr an eine Person gebunden, sondern an Aufgaben und Rollen in der Organisation geknüpft. Und letztlich wird der Machtbegriff selbst neu definiert. Machtvoll sein heißt demnach, seinen eigenen Sinn zu kennen und danach zu handeln. Wer so arbeitet und lebt, erfährt sich als selbstwirksam.

» Macht nach dem üblichen Verständnis

Max Weber definiert Macht als „jede Chance, innerhalb einer sozialen Beziehung den eigenen Willen auch gegen Widerstreben durchzusetzen, gleichwie, worauf diese Chance beruht".[34] Duden online definiert Macht als die „Gesamtheit der Mittel und Kräfte, die jemandem oder einer Sache anderen gegenüber zur Verfügung stehen; Einfluss". Und nach Niccoló Machiavelli[35] ist der Mensch darauf aus, andere zu beherrschen, um nicht selbst beherrscht zu werden. Dafür seien ihm jede Mittel recht, auch ungesetzliche.

Macht entwickelt sich nach der Strategischen Organisationsanalyse von Crozier und Friedberg in den Beziehungen zwischen den Akteuren einer Situation. Dabei sind die Machtmöglichkeiten in einer Beziehung oft asymmetrisch, müssen es aber nicht sein. Macht ist immer wechselseitig, denn jede Person hat nur so viel Macht, wie die andere ihr in einer bestimmten Situation zugesteht. Damit ist Macht relational und situativ. Wenn Sie gerne lachen, dann empfehle ich Ihnen dazu die herrlichen Videos auf Youtube zur „Death Star Canteen". Auch Darth Vader braucht ein Tablett, wenn er in der Kantine essen will, hier scheint seine Macht zu enden ...

Darth Vader zum Servicepersonal:
» I can kill you with a single thought. «
Servicepersonal: » Well, you'll still need a tray. «

Crozier und Friedberg sehen die Quelle von Macht in der Beherrschung von Unsicherheitszonen. Typische Unsicherheitszonen sind Informationen, die Verfügbarkeit von Ressourcen, formale Bedingungen wie Hierarchie oder der gute Kontakt zum Markt und zur Umwelt des Unternehmens.[36]

Bei Macht im herkömmlichen Verständnis geht es daher um den Einfluss gegenüber anderen.

Die Machtverhältnisse spiegeln sich in der Pyramide und den Gesellschaftsverträgen wider

In klassischen Unternehmen spiegeln sich diese Machtverhältnisse in der Managementpyramide wider. Oben sind die Eigentümer und Investoren, darunter das (Top-)Management – und dann folgen die Angestellten. Mit der so gewählten Aufbauorganisation wird die Entscheidungskompetenz auf den verschiedenen Führungsebenen von oben nach unten delegiert. Individuen an der Spitze einer Organisation verfügen über viel Macht, das Ende der Pyramide hat nur geringe formale Macht. Zuweilen greifen die Oberen auch mittels Mikromanagement bis auf die unteren Ebenen im Unternehmen durch. Doch selbst wenn die beteiligten Führungskräfte mit Empowerment führen wollen, so verhindert die formale Pyramidenstruktur eine echte Ermächtigung.[37] Die Angestellten schauen zum CEO, wenn es um (kritische) Entscheidungen geht und übernehmen die Verantwortung nicht (mehr) selbst. Auch spiegeln die Gesellschaftsverträge diese alte Machtordnung wider. Gesellschafterinnen und Gesellschafter fällen Beschlüsse, das Management ist Treuhänder der Gesellschafter und mehrt den Gewinn für die Eigentümer, die Angestellten haben wenig zu sagen. Die deutschen Regelungen zur Mitbestimmung im Betriebsverfassungsgesetz verstärken diese Spaltung aus meiner Sicht nur. Die einen haben alle Informationen sowie die Macht und die anderen fordern die Beteiligung ein. Auch das Betriebsverfassungsgesetz braucht ein Update!

Dazu kommt, dass die formale interne Struktur (die Pyramide oder das Organigramm) selten die realen Verhältnisse abbildet, denn in sicherlich allen Unternehmen gibt es zusätzlich eine informelle Struktur, die durch „persönliche Beziehungen und politische Schachzüge" geformt wird.[38] Sie kann sogar einflussreicher als die formale Struktur sein.

Machtkämpfe, Machtspiele und Mikropolitik sind in Unternehmen an der Tagesordnung. Wenn Sie in Organisationen nach oben kommen möchten, müssen Sie die Spielregeln der Macht beherrschen.[39] „Welcome to the real world", schreibt Jeffrey Pfeffer in seinem Buch *Power*. Besitzen Sie ein hohes Machtmotiv, sind Sie besser darin, einflussreiche Positionen in Unternehmen zu bekommen, so Pfeffer. Zudem erhielten machtmotivierte Menschen bessere Leistungsbewertungen und würden als die effektiveren Führungskräfte eingestuft. Sie sollten also Macht wollen, um Macht zu erlangen. Wer Machtspiele innerlich ablehne, so Pfeffer, sei selbst sein größtes Hindernis, in machtvolle Positionen zu gelangen. Haben Sie diese innere Hürde überwunden, gibt es klare Wege, selbst machtvoll im beschriebenen Sinne zu werden. Dazu zählt zum Beispiel die Entwicklung von spezifischen Kompetenzen wie Ehrgeiz, Energie und Fokus. Außerdem benötigen Sie Zugang zu Ressourcen (eine der „Unsicherheitszonen") und müssen eine gute Netzwerkerin sein. Auf dem Weg nach oben sollten Sie schließlich strategisch vorgehen und

Niederlagen ertragen können. Der Preis sei hoch – doch es lohne sich, so Pfeffer. Wenn Sie sich sodann fragten, ob Ihr machtorientiertes Verhalten der Firma schade, dann sollen Sie nach Pfeffer gleich wieder damit aufhören. Denn die Firma sorge sich auch nicht um die Menschen. Und er belegt seine Behauptung mit zahlreichen Beispielen von Beratungsfirmen und Unternehmen, die ihre Geschäftsführer und Managing Partner vor die Tür gesetzt haben.

So sieht Macht in vielen konventionellen Organisationen aus.

» Sinnvolle Macht: Verteilte Autorität und Ermächtigung

Im For-Purpose-Betriebssystem haben und leben Sie ein anderes Verständnis von Macht. Es geht nicht mehr um den Einfluss über andere qua Position und Status, sondern um verteilte Autorität im Unternehmen. Und Macht bedeutet außerdem, zu wissen was zählt. Wenn Sie Ihren persönlichen Sinn kennen und danach handeln, dann sind Sie selbstwirksam und mächtig.

Entscheidungen werden auf alle Schultern verteilt

Verteilte Autorität heißt zum einen, dass die **Entscheidungsaufgaben** im Unternehmen auf alle Schultern verteilt werden und nicht dem (Top-) Management vorbehalten sind. Ebenso übernehmen alle Mitglieder operative Tätigkeiten. Bei der Verteilung der Aufgaben im Wege der Selbstorganisation wird keine Rücksicht auf angestammte Positionen (bspw. Gründungsmitglied), Status oder persönliche Macht genommen. Es gibt im For-Purpose-Betriebssystem keine Chefs, denen planende Tätigkeiten qua Position zustehen, und es gibt keine Angestellten, die auf Anweisung

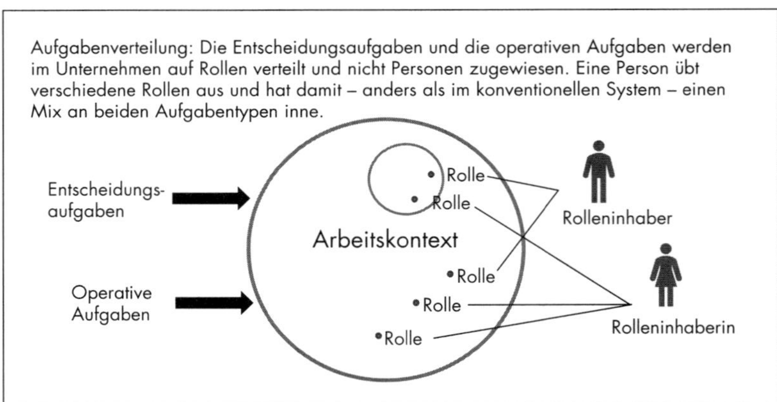

Abb. 2: Aufgabenverteilung

oder Delegation des Chefs einzelne Tätigkeiten ausführen sollen. Diese neue Verteilung der Autorität übersetzen die Mitglieder des Unternehmens in die **Unternehmensstruktur**. Sie verlässt das bekannte Ober-Unter-Schema der Pyramide und wandelt sich in eine moderne Struktur selbstständiger und vernetzter Teile (in der Holacracy-Praxis Holons genannt). So bilden sich neue, aufgabenbezogene Hierarchien, bzw. „Holarchien". Diese Herangehensweise ersetzt die traditionelle Managementhierarchie komplett, bei der die Macht an Personen und Funktionen geknüpft ist, statt an Aufgaben.

Entscheidungsfreiheit und Selbstbestimmtheit

Verteilte Autorität heißt zum anderen **Entscheidungsfreiheit und Selbstbestimmtheit** statt eines Einflusses von oben auf andere Menschen. Im For-Purpose-Betriebssystem steht jeder Person, die eine Aufgabe im Unternehmen übernommen hat, alle Autonomie und Entscheidungsbefugnis zu, diese Aufgabe zu erfüllen (es sei denn, sie würde den geschützten Bereich, der sog. „Domäne", einer anderen Aufgabe beeinträchtigen; was geschützt ist, wird für alle sichtbar festgehalten, hier gilt das Gebot der Transparenz). In einem System der verteilten Autorität, gibt es keine Chefs und niemand kann mir sagen, was ich zu tun habe, ich handle eigenverantwortlich.

> Das Konzept der verteilten Autorität unterscheidet sich damit wesentlich von dem betriebswirtschaftlichen Konzept der **Delegation**, wo ein Teil der Kompetenz bei der delegierenden Person verbleibt und das Weisungsverhältnis weiterhin besteht.

Thomas Thomison von encode.org fomuliert es folgendermaßen: „Warte nicht darauf, dass man dir Anweisungen gibt. Mach einfach, bis du aufgehalten wirst. Das Spiel des um Erlaubnisfragens spielen wir nicht mehr" („Don't wait to be told. Just do it until you are stopped. We are no longer playing the asking for permission game").

Regelwerke für die Verteilung der Autorität

Um das Funktionieren verteilter Autorität sicherzustellen, brauchen Unternehmen neue Regeln, die für alle Mitglieder gleichermaßen gelten. Regelwerke für diese Verteilung von Autorität bei der Arbeit sind die Holacracy-Praxis und die Soziokratie. Für Entscheidungen bieten sie neue Wege und Verfahren, die weder Konsens (alle reden mit) noch Autokratie (einer entscheidet, die anderen folgen) darstellen, sondern die neuen Machtverhältnisse abbilden. Die Soziokratie spricht hier vom Konsentverfahren (mit t), die Holacracy-Praxis von integrativer Entscheidungsfindung. Die Regeln zur Entscheidungsfindung und zur neuen Unternehmensstruktur übernehmen im Unternehmen die Autorität, die sonst bei der Unternehmensleitung (Vorstand, CEO) liegt und verteilen die Aufgaben im Unternehmen. Sie bilden also das neue Zentrum der Macht. Im Zuge der Verteilung von Autorität erfahren die Mitglieder des Unternehmens Selbstermächtigung und ein System, das die neue Verteilung schützt.[40] Der Startschuss für die neue Machtordnung kommt von oben – in dem Moment, wenn die Unternehmensleitung die Regeln als verbindlich unterzeichnet und ihre vorherige Macht abgibt.

Die Macht ist prozess- und nicht mehr personengebunden

Die Macht geht von einer *Person* in einen *Prozess* über. In der Tat unterzeichnen die gegenwärtigen Machthaber die Holacracy-Verfassung als Signal, dass sie von nun an dieselben Rechte und Pflichten haben, wie alle anderen in einer Organisation auch.

Denkt das Unternehmen die alternative Machtordnung zu Ende, überträgt es die neuen Regeln auch auf den Bereich Kapital & Eigentum sowie das Miteinander. Das heißt zum einen, dass die Eigentümer des Unternehmens qua Gesellschaftsvertrag die ihnen konventionell zustehende Autorität ebenfalls an die neuen Regeln abgeben und sich von der bisher bekannten Einflussnahme auf das Unternehmen à la „One share, one vote" verabschieden. Sie schaffen eine neue Governance. Sowohl die rechtliche Struktur (Organe und Kompetenzen) als auch die Beschlussfassung richten sich nach dem vereinbarten System der verteilten Autorität. Die Gesellschafterinnen und Gesellschafter schaffen so einen neuen Rechtsrahmen für das Unternehmen (siehe Kapitel 4). Das Miteinander ist ebenfalls geprägt von der Überzeugung, dass jedes Mitglied für sich selbst sorgt und kein Empowerment von oben oder von der Seite benötigt, um zu handeln. Ich habe durch dieses gemeinsame Verständnis der Selbstfürsorge gelernt, meine Wünsche offen auszusprechen und für sie einzutreten und gleichzeitig nicht enttäuscht zu sein, wenn niemand sie teilt. Als ich bei dem Treffen von encode.org auf Rhodos (2018) fragte, warum wir in den Arbeitspausen nicht mehr zusammen machten oder warum wir nicht einmal zusammen kochten, bekam ich die typische Antwort: „Was hält dich davon ab, es zu organisieren?"

Macht heißt Ermächtigung

Konventionelle Macht wird durch die verteilte Autorität abgelöst. Haben die Mitglieder eines Unternehmens dann überhaupt noch Macht? Oh ja! Sie haben Macht im Sinne von Ermächtigung, die jeden Tag stattfindet. Zu Beginn meiner Tätigkeit für encode.org wartete ich beispielsweise beharrlich auf Feedback zu meiner Arbeit. Schließlich hatte ich noch nie in einem Unternehmen gearbeitet, dass die Holacracy-Praxis anwendete. Doch es gab keines. Selbst auf meine allgemeine Bitte um Rückmeldungen meldete sich niemand. Alle Kolleginnen und Kollegen gingen (und gehen) davon aus, dass ich ganz allein in der Lage bin, die Aufgaben zu bewältigen, und alle Autorität habe, das auch zu tun. Anders verhält es sich, wenn ich eine Person direkt um Rückmeldung oder Unterstützung bitte. Dann nimmt sie sich Zeit für Feedback zur Arbeit oder zur Person. Meine eigene Sorge, nicht alles richtig zu machen, habe ich mittlerweile hinter mir gelassen. Ich tue stattdessen das, was mir für das Unternehmen richtig erscheint und vertraue darauf, dass ich das kann.

> Macht steht beim For-Purpose-Betriebssystem für Einfluss im Rahmen von Aufgaben und für Autonomie. Autonomie meint dabei der Zustand der Selbstbestimmung und Selbstständigkeit.

Menschen in sinnorientierten Unternehmen berichten, dass sie sich selbst als mächtig, wirksam oder selbstwirksam empfinden. Auch mir geht es so. Vor allem, wenn ich zu einem der vier Jahrestreffen aufbreche und am Flughafen durch die Sicherheitskontrolle gelangt bin, melden sich in mir bekannte innere Teammitglieder: die fröhliche Jo, die Abenteuerin und die Lebenslustige. Ich setze mich in ein Café und warte vergnügt auf den Flug und möchte den Moment am liebsten anhalten.[41]

» Kann die alte Machtordnung tatsächlich abgelöst werden?

Oder besitzen die Mitglieder eines Unternehmens, das die verteilte Autorität anwendet, nach wie vor Macht im konventionellen Sinne? Die Antwort lautet: nein, wenn die Regeln respektiert werden. Das System der verteilten Autorität sieht nicht vor, dass ein Mensch Macht über einen anderen ausüben kann. Wenn Sie eine Aufgabe übernommen haben, sind Sie die Chefin der Aufgabe. Formal kann niemand Ihre Entscheidungen kippen oder Sie in eine bestimmte Richtung drängen – ein Gegenüber kann Sie höchstens von seinen Argumenten überzeugen, die Sie in Ihre Entscheidungsfindung miteinbeziehen. Sie müssen niemanden um Erlaubnis fragen und von niemandem vorher eine Einschätzung einholen. Macht ist von der Person gelöst und an die Aufgaben geknüpft. Dazu kommt, dass in einem Unternehmen auf dem Weg zum For-Purpose-Betriebssystem durch das Gebot der Transparenz (Prinzip 2) die oben geschilderten Unsicherheitszonen[42] stark reduziert sind. Es gibt viel weniger Räume, die noch „unsicher" sind und durch Machtausübung im klassischen Sinne gestaltet werden können oder gar müssen. Zudem ordnet sich Ihre Ausübung von Autorität dem Sinn des Unternehmens unter. Die Verfolgung der Aufgaben und der richtige Zuschnitt der Aufgaben erfolgen einzig und allein, um den Sinn des Unternehmens zu verwirklichen (siehe dazu Kapitel 3).

Dennoch kann die neue Machtverteilung nur solange gelten, wie die neuen Regeln auch von allen gelebt werden. Beginnen die Mitglieder eines Unternehmens, persönliche Einflussnahme trotz entgegenstehender Regeln zu tolerieren oder Transparenz zu reduzieren, dann gibt es dennoch Macht im alten Sinne. Ob es gelingt, dass sich Ihr Unternehmen nach dem vierten Prinzip ausrichtet, hängt von der Verbindlichkeit der neuen Regeln und Prinzipien für alle Beteiligten ab.

Warum und wozu sollten Sie in Ihrem Unternehmen die Macht neu verteilen?

Spielen wir das Gedankenexperiment einmal durch. Sie sind Gründerin und Geschäftsführerin eines Unternehmens, das ein disruptives digitales Geschäftsmodell in der Logistikbranche verfolgt. Sie halten mit Ihren beiden Miteigentümern je ein Drittel der Anteile am Kapital des Unternehmens und sind an den Gewinnen im gleichen Umfang beteiligt. Investoren sind bereit, Ihnen Kapital zu geben. Zudem erhalten Sie eine ordentliche Vergütung als Geschäftsführerin. Sie haben ihre Vorstellungen von der inhaltlichen Ausrichtung des Unternehmens und verfolgen diese konsequent. Derzeit haben Sie vier Angestellte und fünf freie Mitarbeiter sowie zahlreiche Lieferanten- und Kundenbeziehungen. Die Fäden laufen bei Ihnen zusammen.

Warum die Macht neu verteilen?

Warum sollten Sie sich vom konventionellen Weg der Start-up-Gründung entfernen und sich auf den Weg zum For-Purpose-Betriebssystem machen? Es mag dafür griffige, rationale Argumente geben:

- Nach einer Studie von CB Insights aus dem Jahr 2016 ist ein Streit zwischen Investoren und Gründer einer der Top 20 Gründe, warum Start-ups scheitern.[43] Eine neue Machtverteilung schafft dagegen zwischen Investoren und Geschäftsführung andere, tragfähigere Verhältnisse.
- Durch die Konzentration auf eine oder wenige Personen im Unternehmen werden diese zum Flaschenhals. Gerade in der VUKA-Welt kann eine einzelne Person nicht mehr alle Entscheidungen fällen. Ein Unternehmen braucht die Perspektiven vieler Menschen, um sich mit Experimenten dynamisch im Markt fortzubewegen und die Kunden zu erfreuen. Stimmen die Produkte nicht mit den Kundenbedürfnissen überein, tappt das Unternehmen laut CB Insights in die nächste Falle – denn auch dies gehört zu den Hauptgründen für das Scheitern von Start-ups.
- Die gleiche Beteiligung von Frauen an Unternehmen ist ebenfalls ein Argument für neue Hierarchien. Meine Hypothese ist, dass bei einer neuen Machtverteilung auch mehr Frauen und insgesamt andere Typen von Menschen in Führung gehen, als es derzeit der Fall ist. Nach dem Start-up-Monitor des Bundesverbandes Deutsche Start-ups e.V. und KPMG gehen 14,6 Prozent der Gründungen auf Frauen zurück, Tendenz steigend. Insgesamt ist die Zahl erschütternd niedrig und liegt im Bereich der Zahl an Partnerinnen in Anwaltskanzleien (ca. 10–14 Prozent) und leicht über der Zahl an Frauen in den oberen Führungsetagen von Unternehmen (8,1 Prozent in den Vorständen der Top 200 Unternehmen).
- Ein weiterer Grund für eine neue Machtordnung ist, dass die nachfolgenden Generationen nach Wegen der Zusammenarbeit suchen, die auf Augenhöhe stattfinden und nicht in die Unterordnung unter einen Chef münden. Die traditionelle Machtverteilung gelangt zunehmend an ihre Grenzen. Angestellte sind unmotiviert und die jungen Generationen möchten ohnehin anders arbeiten – freier, kreativer, hierarchiefrei und ohne Druck.
- Und schließlich sind wir selbstbestimmte Personen: Häufig entsteht in konventionellen Unternehmen eine Eltern-Kind-Dynamik zwischen Führungskraft und Angestellten häufig bei der Arbeit. Einige führen, andere folgen. Die Geführte wartet auf Zustimmung der Führenden. Diese Dynamik steht der Beteiligung aller im Wege, denn es fühlt sich ständig so an, als schauten Kinder hilfesuchend auf Erwachsene, statt selbst in Führung zu gehen. An einem lauen Oktoberabend sitze ich mit zwei befreundeten Kollegen und einer Kollegin in Berlin in einem Straßencafé bei Bier und Hausmannskost. Wir alle sind beruflich

mit New Work befasst. Karla arbeitet in einem selbstorganisierten Unternehmen, dass in der Rechtsform einer Genossenschaft geführt wird. Alle Aufgaben sind im gesamten Unternehmen verteilt. Karla ist eine von zwei gewählten Vorständen (die Genossenschaft braucht zwingend einen oder mehrere Vorstände). „In der Krise schauen doch wieder alle zu mir", sagt sie. „Das kann doch nicht wahr sein! Warum nehmen sie nicht ihre Autonomie ernst und handeln im Rahmen ihrer Zuständigkeiten, um Lösungen zu finden?" Es ist wie im richtigen Leben, denke ich und schaue auf meinen Teller. Meist greifen wir im Alltag doch zur Hausmannskost, statt etwas Neues zu wagen.

So gibt es sehr wohl einige starke rationale Argumente für eine neue Organisationsform. Im Endeffekt können Sie die neue Machtverteilung jedoch niemandem aufzwingen, kein rationales Argument wird allein tragen. Der einzige Grund, warum Sie anders zusammenarbeiten sollten, ist, **weil Sie es so wollen**, weil es Ihrem Menschenbild entspricht und weil Sie gerne mit intrinsisch motivierten Menschen zusammenarbeiten, die ihre Energie in die Arbeit stecken und nicht in Machtspiele investieren (müssen).

Wozu dient die neue Machtverteilung?

Eine neue Machtverteilung in sozialen Beziehungen enthebt den Machiavellistischen Ansatz, der Mensch sei darauf aus, andere zu beherrschen, seiner Grundlage. Macht wird nicht mehr persönlich gehalten, sondern ist an Aufgaben geknüpft. Transparenz verringert Unsicherheitszonen. Die Menschen haben Zeit und Gewissheit, sich ihren Aufgaben widmen zu können und nicht dem Aufbau ihrer Machtbasis. Letztlich wird Macht neu definiert. Machtvoll sein heißt, seinen eigenen Sinn zu kennen und danach zu handeln. Wer so arbeitet und lebt, erfährt sich als selbstwirksam und kann sein volles Potenzial entfalten. Was will man mehr erreichen in einem Unternehmen?

Kapitel 2
Wo Management war, ist jetzt Selbstorganisation

Der Wandel braucht Menschen, welche die vier Prinzipien gegen die alte Machtordnung konventioneller Unternehmen verteidigen.

„Wir haben es hier mit einem kompletten Ersatz der Managementhierarchie zu tun," sagte Thomas Thomison in einem der Webinare, die encode.org seit 2015 weltweit durchführt. Ich habe diesen Satz in den vergangenen Jahren schon oft von ihm gehört. Doch die Dimension dieser Aussage habe ich für mich trotzdem noch einmal neu erfasst, als ich begann, dieses Buch zu schreiben.

Wenn Sie das For-Purpose-Betriebssystem mit seinen vier Prinzipien anwenden und zulassen, dass sich sein Potenzial voll entfaltet, müssen Sie zunächst viele bekannte Konzepte hinter sich lassen und Raum schaffen, um neu zu beginnen. Vor allem müssen Sie sich vom traditionellen Konzept der Managementhierarchie und der in Organisationen gelebten Macht verabschieden – kompromisslos for-purpose. Ohne diesen mutigen Schnitt können Sie das Neue nicht begründen.[1]

Ein neues Betriebssystem statt eines Hybridmodells

Um die Kundenbedürfnisse besser zu befriedigen und für die Mitarbeitenden ein motivierenderes Umfeld zu schaffen, als es in den meisten Fällen gegeben ist, experimentieren heute viele Organisationen mit agilen Praktiken und Methoden.[2] Konferenzen und Bücher rund um das Buzzword „Agile" schießen wie Pilze aus dem Boden.[3]

Doch einen Haken hat die Sache: Durch die Einführung agiler Konzepte entstehen aus meiner Sicht organisatorische „Hybridmodelle“. Die Vertreterinnen und Vertreter dieser Konzepte setzen neue und sinnvolle Ansätze auf klassischen Strukturen auf. Sie lassen also das alte Managementverständnis des Über-Unter, das traditionelle Miteinander (eine führt, der andere folgt) und die konventionellen Eigentumskonzepte des Unternehmens unberührt. In Ralph von Roosmalens Buch *Doing It!* über Management 3.0 wird für mich deutlich, dass bei dieser Vorgehensweise das konventionelle Management eben gerade nicht durch etwas Neues ersetzt wird.

> The role of management does not disappear when your teams become self-organizing. Things will change – command and control will be gone. However, there are six areas where you should focus as manager: energizing people, empowering teams, aligning constraints, developing competence, growing structure, and improving everything. In every area you need to decide if you need to do something, and if so, what that is. It is your task as manager to create a great organization where people love to work, where happiness will lead to more success!

Zudem setzen Unternehmen bei der hybriden Vorgehensweise häufig entweder nur einen Teil der vier Prinzipien aus Kapitel 1 um oder beschränken die vier Prinzipien auf einzelne Abteilungen, statt sie auf das gesamte Unternehmen zu beziehen. Wenden also (Groß-) Unternehmen, Stiftungen oder gemeinnützige GmbHs agile Konzepte und Selbstorganisation nur in Teilen des Unternehmens an („Seht her, unsere agile Abteilung!“) oder schulen sie Führungskräfte in Management 3.0, ohne die Machtverteilung im Unternehmen grundlegend neu zu gestalten, dann bin ich sehr skeptisch. Den agilen Einheiten und ermächtigenden Führungskräften wird nach einiger Zeit die Luft ausgehen, weil die Schnittstellen zwischen konventionellem System und neuen Ansätzen nicht funktionieren und zu Überlastungen führen.

Ein agiles Organisationsmodell für den Bereich der Arbeit

Andere Unternehmen gehen dagegen einen Schritt weiter. Sie implementieren agile Organisationsmodelle (anstatt von einzelnen Methoden) und ersetzen damit die konventionellen Managementkonzepte im Bereich der Arbeit.

- Zu diesen Unternehmen zählt die Hypoport Gruppe, ein technologiebasierter Finanzdienstleister aus Deutschland. Sie wendet seit einiger Zeit die Holacracy-Praxis an und sagt von sich: „Typische Hierarchien und starre Berichtswege gehören bei uns der Vergangenheit an, denn wir organisieren uns dezentral und autonom. Selbstorganisierte Teams und das gemeinsame Arbeiten stehen im Fokus“.[4]

- In Berlin wendet die Firma Soulbottles die Holacracy-Praxis an. Daneben hat sie die gewaltfreie Kommunikation für den Umgang miteinander eingeführt und spricht von ihrem „Soul OS" – dem Soulful Organization System.[5] Soulbottles hat Arbeit und Miteinander nach neuen Regeln organisiert.

Sowohl bei der Hypoport Gruppe, wie auch bei Soulbottles bleibt jedoch die **Eigentumsstruktur** von dem neuen Ansatz unberührt. Anders die Purpose – Stiftung: Sie experimentiert mit einem neuen Konzept des treuhänderischen Eigentums für Unternehmen, allerdings ohne das Managementkonzept neu aufzustellen. Auf facebook verkünden die Gründer von Einhorn Kondome Philip Siefer und Waldemar Zeiler im Dezember 2018, dass

„Einhorn in 2019 nicht mehr den beiden Gründern gehören wird, sondern sich selbst und allen, die daran mitwirken. Wir werden ein lebenslanges Veto (vermutlich über eine Stiftung) für den Verkauf von Einhorn einbauen und Company-Stimmrechte können nur echte Einhörner halten. Warum wir das tun? Wir glauben, dass nur so die economy wirklich unfucked werden kann. Dieser radikale Schritt ist unserer Meinung nach die Voraussetzung für den größtmöglichen positiven Impact unseres Unternehmens aber auch für den wirtschaftlichen Erfolg. Wir werden euch über die genauen Schritte auf dem Laufenden halten".

Der Schritt zum For-Purpose-Betriebssystem

Wenn Sie jetzt den Schritt zum For-Purpose-Betriebssystem gehen möchten, dann beziehen Sie – anders als die gerade genannten Unternehmen – die Selbstorganisation und die neue Machtverteilung auf alle drei Bereiche des Unternehmens gleichzeitig:

1. die Arbeit,
2. die Eigentumsordnung und
3. das Miteinander.

Damit diese dreifache Neuorientierung funktioniert, brauchen Sie ein neues Organisationsmodell in Form einer Systemlösung. Einzelne, wenn auch sinnstiftende Werkzeuge[6] können den stringenten Wandel aus meiner Sicht nicht ausreichend stützen. Dieses Buch tritt dafür ein, in einem Zug die alten Managementkonzepte und -hierarchien mit Selbstorganisation For-Purpose zu ersetzen. Dieser Wechsel erfolgt im gesamten Unternehmen und nicht allein in einer Abteilung oder in einem Spin-off. Zum anderen betrifft der Wechsel das Eigentum & Kapital, die Arbeit und das Miteinander im Unternehmen *gleichzeitig*. Das For-Purpose-Betriebssystem liefert Ihnen klare und erprobte Regeln für diesen mutigen Schritt. Organisationen, die diesen Weg gehen, sind Changemaker und verändern unsere Welt schrittweise – *for purpose*.

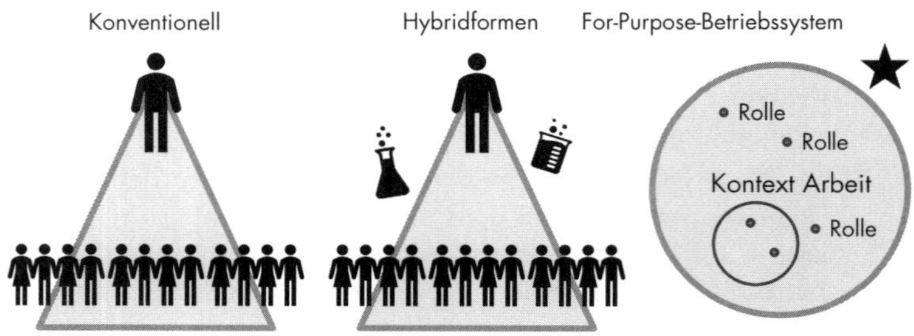

Hybridformen erhalten die Pyramide und setzen agile Methoden und Prozesse (wie z.B. Experimente, Scrum oder Kanban) auf die konventionellen Machtstrukturen auf. Das For-Purpose-Betriebssystem schafft demgegenüber neue Strukturen und eine neue Machtverteilung, bei der sich alles Handeln agil am Sinn ausrichtet.

Abb. 3: Vergleich verschiedener Ansätze

Der Blick zurück: Management

Der Vorteil von Zusammenarbeit in einem Unternehmen gegenüber einer Einzeltätigkeit ist die Arbeitsteilung. Das Risiko dabei ist, dass nicht alle in die gleiche Richtung denken und handeln und nicht effizient vorgehen. Deswegen benötigen Unternehmen eine Unternehmensführung, ein Management, das die interne Koordination sicherstellen soll – sagt die Betriebswirtschaftslehre.[7]

» Management als Einflusshandeln von oben nach unten

Diese Unternehmensführung steht als *Institution* an der Spitze des Unternehmens. Sie umfasst alle Menschen, die qua rechtlicher Regelungen (Organe des Unternehmens) oder organisatorischer Vorgaben legitimiert sind, andere zu koordinieren und ihnen Weisungen zu erteilen. Jedenfalls in größeren Unternehmen wird die Unternehmensführung in das Top, Middle und Lower Management eingeteilt. Als *Funktion* im Unternehmen übernimmt die Unternehmensführung alle koordinierenden Tätigkeiten.[8] Diese beziehen sich auf die Leistungsprozesse (z. B. Einkauf, Produktion, Vertrieb), den Gütereinsatz und die Personen. Manager treten ihren Job an, um Menschen zum Erreichen der Ziele des Unternehmens zu bewegen, „Management ist also ein Einflusshandeln“.[9]

Wie die Koordination funktioniert, legt das Management mit seinen Führungshandlungen fest, in deren Zentrum verschiedenste Entscheidungen stehen. Diese bestimmen, wie die Arbeit der Menschen im Unternehmen koordiniert und die Entwicklung des Unternehmens geprägt werden sollen.[10] Häufig wird dieses Führungshandeln idealtypisch mit einem Phasenmodell abgebildet.

Der Managementzyklus[11]
(1) Analyse
(2) Zielsetzung
(3) Planung
(4) Entscheidung
(5) Organisation
(6) Delegation
(7) Koordination
(8) Mitarbeiterführung und
(9) Kontrolle

In der Literatur werden die verschiedenen Führungsentscheidungen in drei Kategorien eingeteilt: das normative, das strategische und das operative Management.[12] Sie unterscheiden sich in der Bedeutung für das Unternehmen, in den Zeithorizonten und in den Freiheitsgraden. Mit der Bündelung dieser verschiedenen Aufgaben entsteht ein umfassendes hierarchisches Modell der Unternehmensführung, mit den normativen Managementaufgaben an der Spitze, den strategischen in der Mitte und den operativen am Ende. Typisch für das klassische Verständnis von Management ist, dass die bedeutenden Managementaufgaben der Formulierung einer Vision und Mission und der Ausrichtung des Unternehmens (normatives Management) sowie der Erarbeitung einer Strategie (strategisches Management) dem Top-Management vorbehalten sind. Den Führungskräften des mittleren und unteren Managements bleibt häufig die Aufgabe, Vision und Strategie in operative Ziele umzusetzen und die Arbeit im Team zu koordinieren (das sogenannte operative Management).

Der Begriff **Management** ist insgesamt eng mit einem bestimmten Verständnis von Hierarchie verknüpft, bei dem es ein Ober und ein Unter gibt, sowohl innerhalb des Managements, als auch zwischen Management und Mitarbeitenden.

Einige Menschen an der Spitze managen andere Menschen weiter unten in der Pyramide. Die Mitarbeitenden am unteren Ende führen Tätigkeiten aus, die ihnen vom Management delegiert wurden. Diese Trennung zwischen planenden und ausführenden Tätigkeiten geht auf Frederik W. Taylor (1856–1916) und die Zeiten der industriellen Revolution zurück.[13]

Taylor prägte zu Beginn des 20. Jahrhunderts die wissenschaftliche Beschäftigung mit der Unternehmensführung und die Entwicklung des sogenannten Scientific Managements.

Frederik W. Taylor: Scientific Management[14]

„Das Scientific Management entwickelte sich zu einer Zeit, als die Rollenverteilung zwischen Management und Arbeitern in Unternehmen weitgehend unklar war und fast keine Arbeitsstandards existierten. Die gleichen Tätigkeiten wurden daher häufig auf sehr unterschiedliche Weise ausgeführt, und die Arbeiter tendierten dazu, bewusst langsamer zu arbeiten, als es ihren Fähigkeiten entsprach. Taylor war davon überzeugt, dass der Mangel an Arbeitsstandards und an einer klaren Trennung zwischen planenden und ausführenden Tätigkeiten zu sehr hohen Produktivitätsverlusten führte. Um einen möglichst effizienten Einsatz von Menschen und Maschinen im Produktionsprozess zu gewährleisten, entwickelte Taylor daher Methoden zur Analyse und Optimierung von Arbeitsprozessen. In diesem Zusammenhang führte er auch die Trennung von planenden und ausführenden Tätigkeiten ein. Darüber hinaus beschäftigte er sich mit der Gestaltung von Anreizsystemen, insbesondere Akkordlohnsystemen, durch die Arbeiter dazu veranlasst werden sollten, höhere Leistungen zu bringen. Auf diese Art und Weise konnte Taylor in den von ihm geführten bzw. beratenen Unternehmen regelmäßig eine Verdreifachung der Produktivität erreichen."

Auch die heute vielzitierten „Humble Leader“ oder die Managerinnen und Manager 3.0, die ihre Mitarbeitenden „empowern“, auf Augenhöhe kommunizieren und es häufig ernst meinen, sitzen letztendlich im übergeordneten Chefsessel – rechtlich, organisatorisch und faktisch (siehe auch den Blog Post von Brian Robertson, The Irony of Empowerment[15]).

Der Begriff Management steht für Einflusshandeln über andere. Selbstorganisation steht dagegen für Handeln mit Einfluss. Deswegen plädiere ich in diesem Buch für einen Neuanfang und sage „Auf Wiedersehen Management, willkommen Selbstorganisation!“

Eine neue Metapher für Unternehmen: das lebendige System

Frederic Laloux hat in *Reinventing Organizations* die verschiedenen Formen der Zusammenarbeit in Organisationen über die letzten Jahrtausende beschrieben. Die heute in globalen Unternehmen vorherrschende Form der Zusammenarbeit nennt er das moderne leistungsorientierte Paradigma, das wir alle kennen. Es sieht Organisationen als **Maschinen**, an deren Schalthebeln die Führungskräfte sitzen. Die Angestellten sind die Zahnräder der Maschine. Es zählen Wettbewerb, Leistung, Materielles und sozial anerkannter Erfolg. Die Menschen streben danach, besser zu sein als ihre Kolleginnen und Kollegen, und oberstes Ziel der Unternehmen ist es, zu wachsen und den Gewinn zu steigern. In der zeitlichen Entwicklung folgte auf dieses Paradigma das postmoderne pluralistische Unternehmen, welches die Metapher der **Familie** benutzt. Hier zählen Vertrauen, die Abschaffung von Hierarchien und Werteorientierung. Führungskräfte ermuntern ihre Mitarbeiter durch Empowerment und wollen ihnen eine Stimme geben – und Verantwortung. Unternehmen, die auch diese Stufe hinter sich gelassen haben, nennt Laloux evolutionär oder integral. Deren Metapher ist die des Unternehmens als **lebendiges System**. Mitglieder solcher Unternehmen vergleichen das mit der Natur, Zellen des menschlichen Körpers und dem Ökosystem, welches sich ständig und überall verändert, ohne dass jemand von oben Befehle gibt und Entscheidungen fällt.[16]

Ein lebendiges System hat autonome Bestandteile, die gleichzeitig Teil eines größeren Ganzen sind. Es gibt kein Über-Unter im Sinne von Weisungsverhältnissen mehr. Dennoch bestehen Hierarchien (Selbstorganisation ist gerade nicht hierarchielos, im Gegenteil). Sie können als nebeneinander, übereinander oder drinnen und draußen beschrieben werden.

Das Bild der Organisation als lebender Organismus ist schon lange aus der Kybernetik bekannt. Stafford Beer („The purpose of a system is what it does"), einer der renommierten Wissenschaftler auf diesem Gebiet, beschreibt 1985 mit dem Viable System Model das Organisationsmodell eines lebensfähigen Systems und zeigt Analogien zwischen Unternehmensorganisationen und dem menschlichen Körper auf. Nach Niklas Luhmann kann die Gesellschaft „nie vollständig von Menschen erfasst oder gar gesteuert werden. Sie (hier: die Gesellschaft) besitzt ein „Eigenleben", das sich dem Zugriff durch Menschen entzieht".[17]

Ein lebendiges Unternehmen kann niemand besitzen oder beherrschen – es gehört nur sich selbst.

» Selbstorganisation

In einem lebendigen System gibt es kein Management, sondern Selbstorganisation. Wenn zuweilen in Bezug auf agile Unternehmen von Selbst**management** gesprochen wird, ist dies unnötig verwirrend. Ich empfehle stattdessen den Begriff der Selbst**organisation**, der deutlich macht, dass es um etwas Neues geht und nicht mehr um die Begrifflichkeiten des „Scientific **Management**" aus dem frühen 20. Jahrhundert (vgl. der Kasten auf Seite 40).

Wenn Menschen die Selbstorganisation in Unternehmen leben möchten, müssen sie einige Anpassungen vornehmen, damit es funktioniert („modellierte Selbstorganisation"). Denn wir Menschen bringen unsere persönlichen Bedürfnisse, Charaktere und Vorstellungen von Richtig und Falsch zur Arbeit mit. Wenn diese die Herrschaft übernehmen, ist es um die Selbstorganisation des Systems geschehen, deswegen ist das dritte Prinzip *Differenziere Arbeit und Mensch* so fundamental wichtig für das For-Purpose-Betriebssystem.

Heinz von Foerster war der Erste, der den Begriff Selbstorganisation verwendete. In einem weiten Verständnis beschreibt der Begriff alle Ansätze, „die die Entstehung von Systemstrukturen aus der Eigendynamik der Systeme erklären".[18] Funktioniert die Selbstorganisation, dann finden nach Capra nicht nur Selbsterhaltung, sondern auch Selbsterneuerung und Selbsttranszendenz statt.[19]

Selbsttranszendenz meint die Suche eines Systems nach einem Sinn jenseits der eigenen Selbsterhaltung und -verwirklichung.[20] Der österreichische Neurologe und Psychiater Viktor Frankl formuliert es so: „Selbst-Transzendenz ist definiert durch den Umstand, dass der Mensch erst dann ganz Mensch wird, wenn er aus sich heraustritt und in der Hingabe an eine Sache oder an einen Menschen aufgeht".[21]

Der Mitbegründer des *Club of Rome* Erich Jantsch sagt: „Evolution is self-transcendence through self-organization."

Neue Hierarchien und dynamische Strukturen

Das konventionelle Management benutzt den Begriff der **Aufbauorganisation**, wenn es von der „institutionellen Struktur von Aufgabenträgern" spricht. Dabei bezeichnet „Aufgabenträger" die Stellen und Abteilungen des Unternehmens. Die zentrale Aufgabe der Aufbauorganisation in einem arbeitsteiligen Unternehmen sei es, „die Arbeitsteilung und die Koordination", das „Ziehen an einem Strang" zu regeln.[22] Die berühmte These: „Structure Follows Strategy" von Alfred Chandler (1962) besagt, dass das Management idealerweise die Struktur wählt, welche die Strategie stützt. Die Struktur konventioneller Unternehmen ist relativ statisch und wird zumeist in groß angelegten Change-Prozessen verändert. Das krempelt nicht selten das ganze Unternehmen um, bis dies – einige Jahre oder Monate später – von der nächsten Unternehmensführung wieder rückgängig gemacht wird.

Die Frage, „wie die Aufgabenerfüllung zeitlich und räumlich strukturiert wird" hängt eng mit der Aufbauorganisation zusammen und wird im konventionellen Management als **Ablauforganisation** bezeichnet.[23] Heute werden die Prozesse „zunehmend als Ausgangspunkt der organisatorischen Gestaltung gesehen. Es geht bei der Regelung von Prozessen also nicht mehr darum, sie nur in eine bestehende Aufbaustruktur einzupassen, sondern die Prozessregelung selbst kann zum bestimmenden Faktor für die Aufbaustruktur werden".[24]

Beide Bereiche – Aufbau- und Ablauforganisation – gehören nach dem traditionellen Verständnis zu den koordinierenden Aufgaben des Managements. Das Management ist dafür verantwortlich, mit der passenden internen Organisation die Marktorientierung, Ressourceneffizienz, Qualifikation und Motivation sowie Flexibilität sicher zu stellen.[25]

Wenn Sie Ihr Unternehmen nach dem For-Purpose-Betriebssystem aufstellen und Selbstorganisation anwenden, dann haben Sie selbstverständlich auch eine interne Struktur, interne Prozesse und stellen Ihre Marktorientierung sicher. Sie entwickeln dennoch keine „Aufbau- und Ablauforganisation" ebenso wie Sie kein „Management" haben, denn es gibt wesentliche Unterschiede zum konventionellen Ansatz:

1. Statt des Managements sorgt das System der Selbstorganisation für die Festlegung der internen Strukturen und Prozesse und stellt damit die

Koordination sicher. Darüber hinaus gibt es keine Weisungsverhältnisse von einer Person zu einer anderen, sondern neue Hierarchien jenseits von Einflusshandeln: Die Hierarchie der Menschen wird zu einer Hierarchie der Aufgaben. Jede Person im Unternehmen hat mehrere Aufgaben, die in organisatorischen Rollen verankert sind. Die Rollen gehören der Organisation und sind Teile von ihr, die Menschen sind es nicht! Dieses neue Verständnis ist für die Neuausrichtung Ihres Unternehmens zentral.

2. „Statisch war gestern“: Ein Unternehmen mit dem For-Purpose-Betriebssystem atmet die Anpassung an veränderte Bedingungen – und dieses Atmen betrifft die gesamte Organisation. Nach den Regeln der Selbstorganisation (im For-Purpose-Betriebssystem: die Holacracy-Praxis) passt sich die Aufgabenverteilung und damit die interne Organisation dynamisch dem Markt an, die Abläufe verändern sich bei Bedarf, Schnittstellen werden neu geschaffen, es gibt keine Fünfjahres- oder Businesspläne; wer neu in das Unternehmen kommt, findet nirgendwo ein schriftliches Papier zur Strategie oder zum Geschäftsmodell. Die Veränderungen der internen Struktur und der Schnittstellen werden in regelmäßigen Meetings beschlossen, die in der Holacracy-Praxis Governance Meetings heißen (siehe dazu Kapitel 3). So gibt es alle zwei bis vier Wochen (oder je nach Bedarf) eine Mini-Reorganisation in unterschiedlichen Abteilungen, sodass der Bedarf an Veränderung gedeckt ist. Großangelegte Change-Prozesse alle paar Jahre werden damit entbehrlich.

Im For-Purpose-Betriebssystem leben Sie auf diese Weise neue Hierarchien und eine neue Dynamik.

» Investition neu denken

Ein Unternehmen als lebendiges System gehört im konventionellen Sinne niemanden. Es gehört nur sich selbst. Eigentümerinnen, Gründer, Investoren und Mitarbeitende geben dem Unternehmen als *Purpose Agents* ihre Arbeitskraft oder ihr Kapital, um den Sinn des Unternehmens in der Welt voranzubringen. Sie beantworten täglich die Frage, wozu das Unternehmen in der Welt ist und wie es seinen Kundenkreis erfreuen kann.

In Bezug auf das Kapital des Unternehmens benötigen Sie hierfür Investorinnen und Investoren, die nicht in erster Linie ihren Gewinn mehren wollen. Sie brauchen Menschen, die in einen Sinn investieren möchten, der als Katalysator für Gewinn dient. Die Purpose Stiftung (purpose-economy.org) experimentiert mit dem Gedanken des Verantwortungseigentums und hat im November 2018 auf der Eigentumskonferenz im Berliner Allianz-Forum den Entwurf einer neuen Rechtsform vorgestellt. In dieser Rechtsform behandeln die Unternehmen Gewinn nur als Mittel zum Zweck und verteilen die Stimmrechte auf diejenigen,

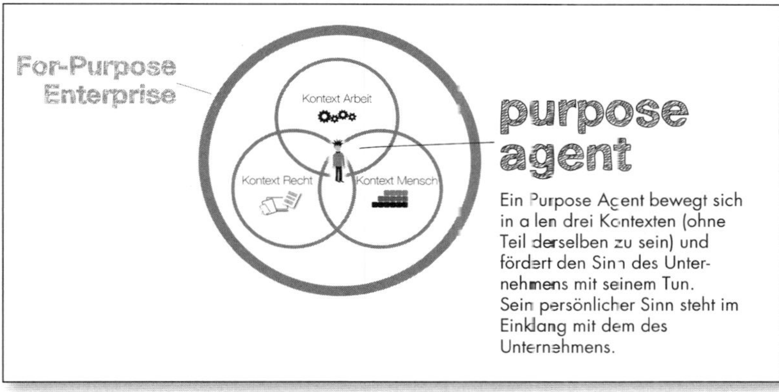

Abb. 4: Der Purpose Agent

die das Unternehmen führen anstatt auf unternehmensferne Anteilseigner.[26] Das For-Purpose-Betriebssystem nutzt bestehende Rechtsformen, um den neuen Eigentumsansatz weltweit in die Gesellschaftsverträge zu integrieren (eine neue Rechtsform ist ein nächster möglicher Schritt). Eigentümerinnen und Eigentümer geben im For-Purpose-Betriebssystem ihre konventionelle Machtposition ab und wirken an der Selbststeuerung des Unternehmens auf neue Art und Weise mit. Zum Beispiel werden die Weisungsbefugnisse der Gesellschafterversammlung rechtlich soweit wie möglich begrenzt und die Mitwirkung der Gesellschafter im Unternehmen über Stellvertreter im Ankerkreis geregelt (dazu Kapitel 4 Recht und Beteiligung – for purpose).

» Die Zusammenarbeit mit Kunden und Partnern

Auch die Zusammenarbeit mit den Kunden und Partnern wandelt sich. Als klug gilt nicht länger, im Wettbewerb zu obsiegen oder für sich allein Vorteile herauszuholen.[27] Der Selbsterhalt des Unternehmens ist kein alleiniges Ziel mehr. Es geht daneben um Selbsterneuerung und Selbsttranszendenz des Unternehmens (zu den Begriffen Kasten auf Seite 40). Mit den bereits zitierten Worten von Viktor Frankl geht es um die Hingabe an eine Sache oder an einen Menschen, in der das Unternehmen aufgeht".[28] Das Unternehmen verschreibt sich einem *Wozu*. Wer so agiert, steht nicht im Wettbewerb.

> Sinnorientierte Unternehmen handeln nach der Überzeugung, dass sie nicht in Konkurrenz zu anderen stehen, sondern dass sich die Marktteilnehmer ergänzen.

So berät Jos de Blok von dem erfolgreichen Pflegeunternehmen Buurtzorg regelmäßig seine Konkurrenz, weil der Purpose von Buurtzorg lautet: „Alte Menschen in ihrer Selbstständigkeit zu unterstützen" und nicht „Gewinnmaximierung für die Shareholder bis der Arzt kommt". Jedes Unternehmen, das seinem Sinn treu bleibt, wird in der Folge genug Geschäft machen und alle Mitarbeitenden gut bezahlen können. Gewinnen wird auf diese Weise sinnvoll (dazu auch Kapitel 1, Prinzip 1).

Der Weg in diese Richtung braucht Menschen im Unternehmen, die nicht allein aus der Angst des Scheiterns heraus handeln – oder aus den Erwartungen ihres Egos nach Erfolg und Leistung. Stattdessen eint sie die Fähigkeit, der „Fülle des Lebens zu vertrauen", ganz wie die alten Weisheitstraditionen es lehren.[29] Diese Haltung beeinflusst wiederum die Kultur und die Strukturen im Unternehmen und ermöglicht die Ausrichtung am Sinn des Unternehmens. Und sie zeigt sich auch in Verträgen zwischen den Geschäftspartnern. Ein Vertrag beginnt stets mit dem Sinn der Kooperation und den jeweiligen Sinnformulierungen der Partner, um erst danach in die Details der Vertragsbeziehung einzusteigen. Gibt es über den ersten Punkt kein Einvernehmen, wird die Kooperation nicht eingegangen.

Der Wandel des Strategieverständnisses

Nachdem Sie sich vom Management verabschiedet und für die Selbstorganisation entschieden haben, wandelt sich auch ihr gesamtes Strategieverständnis.

Bei encode.org muss einer von uns nur den Satz sagen: „Let's do a SWOT!" und wir brechen alle in Lachen aus. Die gute, alte SWOT-Analyse gehört im For-Purpose-Betriebssystem der Vergangenheit an, sie wird durch andere Werkzeuge ersetzt. Der neue Strategieprozess ist vollkommen losgelöst von den alten Hierarchien eines CEO, der sich (vermeintlich partizipativ) Informationen einholt, um dann für das gesamte Unternehmen die beste Strategie für die nächsten fünf Jahre zu verabschieden und zu kommunizieren. Doch ich fange der Reihe nach an:

» Strategisches Management nach dem klassischen Verständnis

„Strategisches Management ist ‚geplante Evolution' – die Alternative dazu wäre eine ungesteuerte, rein zufällige Entwicklung.[30]

Nach dem konventionellen Managementverständnis sind die Aufgaben der **Planung** im Top- und mittleren Management verortet (siehe oben). Das Management legt die Strategien für die nächsten fünf Jahre fest: messbare Ziele für das Unternehmen, die Positionierung im Markt (also zum Beispiel die Ausrichtung als Preisführer) und die Verteilung der

Ressourcen. Dabei durchläuft das Management einen mehr oder weniger aufwändigen Prozess. Nicht selten nutzt es für die Erforschung des Status quo die sogenannte SWOT-Analyse. Diese hinterfragt die Stärken (strengths) und die Schwächen (weaknesses) des Unternehmens und schaut auf die Gelegenheiten (opportunities) sowie Gefahren (threats) des Marktes. Auf Basis dieser Analyse setzt das Management die messbaren Ziele für einen bestimmten Zeitraum fest („smart targets"), deren Erreichung es dann kontrolliert.

Die Umsetzung der auf diese Weise entwickelten Strategie

Die Umsetzung der Strategie erfolgt durch drei Hebel:[31]

- Das Management passt die **Unternehmensstrukturen** der Strategie an. Es wählt dazu eine interne Organisation, die den gewählten Geschäftsprozess gut abbildet und so die Erreichung der Ziele unterstützen soll.
- Des Weiteren schafft das Management **Anreizsysteme**, um die Mitarbeitenden dazu zu bewegen, die Ziele auch erreichen zu wollen.
- Schließlich initiiert das operative Management **Projekte und konkrete Maßnahmen** zur Zielerreichung.

Strategie im For-Purpose-Betriebssystem

Im For-Purpose-Betriebssystem ändert sich Ihr Strategieverständnis grundlegend.

- Erstens: Sie haben keine messbaren Ziele („smart targets"[32]), die Sie top-down für das gesamte Unternehmen festlegen.[33] Vielmehr verabschieden Sie sich gänzlich vom Ansatz der Vorhersage und Kontrolle. Sie nutzen Metriken, um eine Prognose abzugeben, in deren Rahmen sie steuern (siehe dazu sogleich).
- Zweitens: Durch die Orientierung am Sinn des Unternehmens verliert auch der Streit zwischen Shareholder- und Stakeholder-Ansatz seine Grundlage. Sinn geht vor.
- Drittens: Die dynamische Steuerung macht schriftliche Geschäftspläne für die nächsten Jahre entbehrlich. Ich schildere auf den nächsten Seiten, was dieser Wandel konkret bedeutet.

» Strategie „auf Sicht": Der Abschied von Vorhersage und Kontrolle

Hinter dem For-Purpose-Betriebssystem steht die Auffassung, dass Evolution nicht geplant und auch noch nie geplant werden konnte (und in Zeiten von VUKA erst recht nicht mehr geplant werden kann, dazu Kapitel 1).

Im For-Purpose-Betriebssystem geben daher alle Bereiche eines Unternehmens auf der Basis von sehr konkreten Daten (Metriken) eine Prognose ab, wohin das Unternehmen steuern sollte, um seinen Sinn noch besser zu verwirklichen. Eine Prognose ist aber gerade keine Vorhersage und deren Kontrolle, wie Sie es aus der traditionellen Vorgehensweise kennen. Eine Prognose wirft auf Basis von Daten einen Blick nach vorn und plant auf dieser Basis in kleinen Schritten, was zu tun ist. Sie sagt gerade keine Zukunft voraus (vgl. dazu Kapitel 1, Seite 16). Trifft die Prognose nicht zu, wird nachgesteuert.

Bei Ihrem Steuern orientieren sich alle Bereiche am Sinn und an der Strategie des Unternehmens.

Der **Sinn** steht für das weitgehendste kreative Potenzial, welches das Unternehmen nachhaltig auf der Welt ausdrücken kann – in Anbetracht aller von außen einwirkenden Einschränkungen und allem, was ihm zur Verfügung steht (vgl. Holacracy-Verfassung 5.2). Eine **Strategie** ist in dem neuen System eine Leitlinie oder eine Heuristik.[34]

Eine Strategie legt fest, wie sich zwei wichtige Aspekte oder grundlegende Ziele zueinander verhalten. So lautet zum Beispiel die Strategie für den Trainingsbereich der Firma HolacracyOne: „Innovation neuer Produkte & Markttests sind sogar noch wichtiger als die Optimierung des Status quo".[35] Die Bezeichnung *sind sogar noch wichtiger als* ist dabei entscheidend.[36] Sie besagt, dass wir es mit zwei wichtigen Werten oder Aspekten zu tun haben und einem der beiden temporär den Vorzug geben, ohne den anderen aus dem Blick zu verlieren (bei encode.org sprechen wir laufend von dem „bias towards"). Wichtig ist, dass es sich um eine echte Polarität zweier Werte handelt, bei der der zweite Pol nicht bloß eine Negativ-Version des ersten ist.

Im Rahmen des Sinns und der auf diese Weise formulierten Strategie füllen die Mitglieder des Unternehmens ihre verschiedenen planenden und operativen Aufgaben in eigener Verantwortung aus. Sie verfolgen dazu ihre Projekte und Tätigkeiten. Ein Projekt könnte auch mit einem operativen Ziel gleichgesetzt werden, das durch mehrere Aktivitäten erreicht wird. Im For-Purpose-Betriebssystem steht es Ihnen frei, ihre einzelnen Projekte messbar auszugestalten, also mit *smarten* operativen Zielen oder Kennziffern zu steuern oder auch nicht. So kann das Ziel Ihres Projekts lauten „Operating Agreement 2.0 finalised" oder Sie können das Ergebnis smart formulieren. Ob Sie selbst Ihre Projekte nun mit messbaren Zielen hinterlegen oder nicht, bei der Steuerung der Aktivitäten helfen die Metriken, die Teil der regulären Meetings sind und regelmäßig berichtet werden. Zum Beispiel berichtet die Rolle *Inbound Hospitality* über die Zahl der Anfragen und die Konversionsrate der Anfragen in Dienstleistungsverträge. Auf Basis dieser Zahlen (Metriken) planen mit dem Thema befasste Rollen konkrete Schritte, wie zum Beispiel die schnellere Beantwortung der über die Webseite erhaltenen Anfragen.

Die Illusion der Kontrolle loslassen

Damit lassen Sie die Illusion der Kontrolle hinter sich und beginnen „auf Sicht“ zu steuern. Das funktioniert umso besser, je mehr Sie sich von den Ängsten Ihres Egos lösen können (vgl. oben, Prinzip 3). Ein Großteil der Ängste wird allerdings bereits durch dynamische Steuerung selbst obsolet gemacht – Sie können jederzeit nachsteuern, sobald sich entsprechende Daten zeigen, anstatt starr an mühsam beschlossenen Plänen festhalten zu müssen, wie es in konventionellen Organisationen oft der Fall ist.

» Kein Streit zwischen Shareholder- und Stakeholder-Ansatz mehr

Der Technologiekonzern ThyssenKrupp ist 2018 mit einem milliardenschweren Deal in die Schlagzeilen geraten, als das Unternehmen aus Essen seine Stahlsparte mit dem indischen Konkurrenten Tata Steel verschmolz. Hinter den Kulissen dieser Fusion hatte sich jedoch ein tiefes Zerwürfnis zwischen Anteilseignern und Vorstand entwickelt, in dessen Folge der damalige CEO Heinrich Hiesinger seinen Hut nahm. Der größte Aktionär des Unternehmens, die Krupp-Stiftung, habe sich nicht hinter den Vorstandsvorsitzenden gestellt, als dieser unter massivem Druck von Finanzinvestoren wie Cevian Capital stand, die mehr Tempo forderten und eine Zerschlagung des Konzerns forcierten. „Maßgabe für die Restrukturierung muss die industrielle Logik sein – und nicht Tabus, geschichtliche Entwicklung, Emotionen oder persönliche Ambitionen“, so einer der Gründer des aggressiven Hedge-Fonds. Börsen-Experten hatten gleichzeitig kritisiert, dass der Wertunterschied zwischen Thyssen und Tata Steel nicht angemessen berücksichtigt sei. Zu seinem Rücktritt schrieb Hiesinger an die Mitarbeiter: „Das gemeinsame Verständnis von Vorstand, Aufsichtsrat und wesentlichen Aktionären über die strategische Ausrichtung war für mich eine wichtige Voraussetzung, um als Vorstandsvorsitzender ThyssenKrupp erfolgreich zu führen.“ Als dieses gemeinsame Verständnis fehlte, legte der CEO sein Amt nieder.

Sogenannte Industrie-Logik oder Kapitalmarkt-Interessen auf der einen Seite, Tradition, Emotionen und langfristig orientiertes Handeln auf der anderen.

> Wenn Sie das For-Purpose-Betriebssystem einführen, sind Sie das lästige Gefecht aus der Divergenz der Ziele zwischen Shareholdern und Stakeholdern los.

Herkömmlicherweise wird der Zweck des Unternehmens darin gesehen, den Wert für die Eigentümer zu maximieren (Shareholder Value). Als Argument wird angeführt, dass allein die Eigentümer bereit seien, das unternehmerische Risiko zu tragen. Zudem hätten nur sie rechtlich Anspruch auf den Gewinn und seien von daher in besonderer Weise von den Unternehmensentscheidungen betroffen.[37] Außerdem sei es in der Praxis besser möglich, die Ziele nur einer Gruppe (der Eigentümer) zu identifizieren, als die vieler Gruppen unter einen Hut bekommen zu müssen wie beim Stakeholder-Ansatz. Und zu guter Letzt lasse sich der Shareholder Value besser mit Kennzahlen belegen. Das Management hat also dafür zu sorgen, dass der Wert für die Eigentümer maximiert wird.

Demgegenüber steht der Stakeholder-Ansatz. Der Stakeholder Value, also der Wert, den das Unternehmen aus Sicht aller Gruppen besitzt, sagt aus, wie gut oder schlecht das Unternehmen bei der Verfolgung dieses Ansatzes ist. Seine Befürworter vertreten, dass ein Unternehmen die Interessen aller Anspruchsgruppen bei der Ausarbeitung der grundlegenden Unternehmensziele berücksichtigen müsse. Schließlich seien alle Gruppen für die Existenz, das Handeln und den Erfolg des Unternehmens notwendig, und ohne sie sei das Unternehmen nicht überlebensfähig. So würden die Verträge mit Angestellten, Lieferanten oder Käuferinnen Schutzbestimmungen für diese Gruppen enthalten, die teils auch gesetzlich gefordert sind.

Der Kampf um den Vorrang von Zielen wird in der Betriebswirtschaftslehre unter dem Begriff der Koalitionstheorie diskutiert.[38] „Eine solche Klärung von Prioritäten geschieht in der Regel durch Verhandlungsprozesse, in denen die unterschiedlichen Gruppen ihre Ansprüche formulieren. Welche Ansprüche sich dann letztlich durchsetzen, ist meist eine Frage der jeweiligen Machtpositionen“.[39]

Vielleicht liegt genau in diesen Punkten der Grund für die geringe Motivation von Arbeitnehmerinnen und Arbeitnehmern in Unternehmen weltweit (vgl. die Gallup-Untersuchungen zu Mitarbeiter-Engagement).[40]

> Mit der Einführung des For-Purpose-Betriebssystems geben Sie Ihrem Unternehmen den Sinn als neue Referenz.

Der Sinn übernimmt, nach konventioneller Lesart, die Funktion von Vision, Mission und normativen Zielen und ist die oberste Instanz für die Ausrichtung aller Aktivitäten innerhalb des Unternehmens. Alle Stakeholder (Investoren, Gründerinnen, Angestellte, Kunden, Lieferanten) sind „Purpose Agents“. Der Sinn wird bei Gründung erkundet und dann mittels eines definierten Prozesses weiterentwickelt. Individuelle Vorstellungen von Gründerinnen, Eigentümern oder Geschäftsführerinnen können die Entwicklung und Formulierung des Unternehmenssinns nicht vorgeben, sondern sie geben diese in das System der Selbstorganisation hinein. Die Prozesse der Selbstorganisation regeln, dass keine ungewollte persönliche Einflussnahme stattfindet und sich der Sinn dynamisch entwickelt.

» Das Geschäftsmodell ist nirgendwo aufgeschrieben

Im For-Purpose-Betriebssystem können von Ihnen alle bekannten Geschäftsmodelle[41] verwendet werden. Zum Geschäftsmodell möchte ich eine persönliche Geschichte einbringen. Ich erinnere mich noch lebhaft an eines meiner ersten Meetups von encode.org, an dem ich teilnahm. Wir waren auf Rhodos in Griechenland und saßen in dem geräumigen Wohnzimmer einer airbnb Wohnung mit Blick über die kargen Hügel der Insel. Draußen krähte der Hahn, die Ventilatoren summten. „Was ist denn das Geschäftsmodell von encode.org?“, fragte ich in die Runde. Schweigen. Ich fragte noch einmal: „Wo ist denn das Geschäftsmodell von encode.org festgehalten?“ Wieder keine Antwort. Dann erbarmte sich mein Kollege Peter und erklärte mir, dass es in einer For-Purpose-Enterprise kein aufgeschriebenes Geschäftsmodell gäbe. Niemand besitze die Autorität, für das Unternehmen ein solches zu formulieren, und auch niemand habe ein Recht, die schriftliche Festlegung zu verlangen. „Wie soll das gehen und woran soll ich mich da orientieren?“ Ich konnte damit nicht wirklich etwas anfangen und stellte die Frage erst einmal zurück. Zwei (Praxis-)Jahre später habe ich verstanden, was Peter damit meinte. Wenn wir das Unternehmen als lebendiges System verstehen, dann „gehört“ das Geschäftsmodell dem Unternehmen und nicht den einzelnen Mitgliedern. Und wenn wir dynamisch steuern, dann bringt es nichts, etwas festzuhalten, was schnell wieder überholt ist. So weit so gut. Doch wie erhalte ich als Mitglied Orientierung, wie erfahre ich, womit das Unternehmen sein Geld verdient? Wenn ein Unternehmen die Holacracy-Praxis anwendet, bietet sich die Nutzung der Software GlassFrog oder *HolaSpirit* an. Sie hält die interne Struktur, die Rollen und Verantwortlichkeiten, die Meeting-Protokolle und noch vieles mehr fest. Wenn ich mir nun ein Unternehmen in GlassFrog anschaue, die dort festgehaltenen Strategien lese, die interne Struktur betrachte und die Rollen dazu nehme, ergibt sich ein Bild dessen, was das Unternehmen gerade tut und womit es sein Geld verdient. Und da hatte ich es gefunden, das Geschäftsmodell von encode.org. Seitdem ist es ein weiterer *running gag*, wenn ich bei Informationsfragen antworte: „Just have a look into GlassFrog!“.

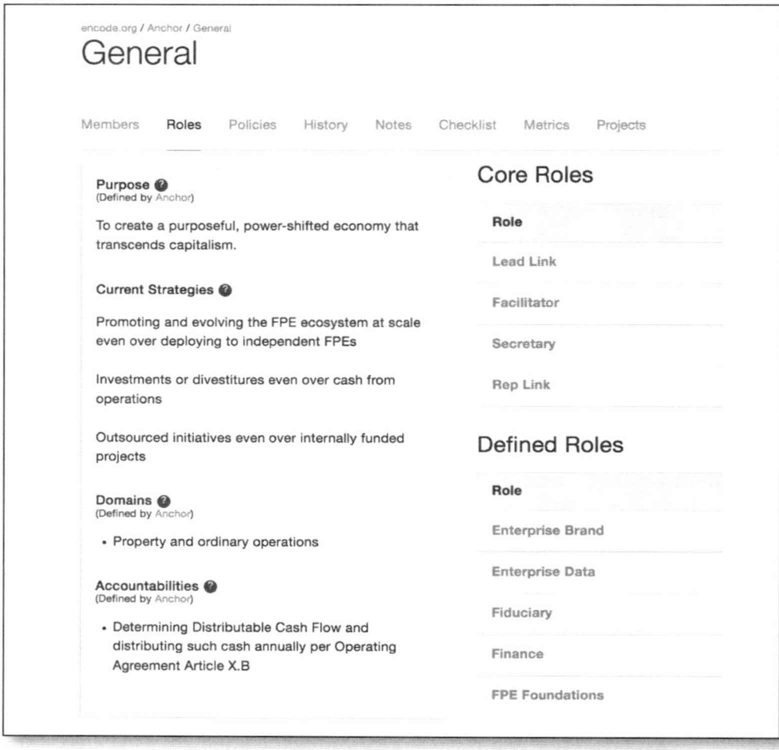

Abb. 5: Der Kreis „General" von encode.org
Sinn, Strategie und einige Rollen (Stand März 2019)

Die Führungskraft hat ausgedient

Wenn Sie sich vom Management verabschieden und sich zur Selbstorganisation bekennen, hat das noch weitere Konsequenzen, denn Sie bilden mit dem For-Purpose-Betriebssystem in Ihrem Unternehmen konsequent die neue Machtverteilung ab (vgl. Prinzipien 3 und 4). Das bedeutet, dass Sie weder organisatorisch, noch zwischenmenschlich eine Führungskraft benötigen. Führung aber sehr wohl! Statt einer Person führt das System der Selbstorganisation die eigenverantwortlich arbeitenden Menschen. Sie lassen daher auch das traditionelle Konzept von Leadership hinter sich.

» Der Wegfall des Arbeitnehmerstatus

Im For-Purpose-Betriebssystem gibt es keine Arbeitnehmerinnen und Arbeitnehmer mit Arbeitsverträgen mehr. Alle Mitglieder sind stattdessen an der Gesellschaft beteiligt und haben Gesellschafterstatus (im Kapitel 4 dazu mehr). Dabei zielt das For-Purpose-Betriebssystem nicht etwa darauf, die Schutz- und Fürsorgefunktionen des Arbeitsrechts auszuhebeln und die Arbeitskraft der Menschen auszunutzen. Es geht darum, auch strukturell die neue Machtverteilung abzubilden. Der Kontext Mensch (vgl. Kapitel 5) übernimmt viele der fürsorglichen Aufgaben des Unternehmens gegenüber den Gesellschafterinnen und Gesellschaftern. Bei encode.org diskutieren wir z. B. spezifische Regelungen zur Übernahme von Kranken- und Altersversicherungskosten durch das Unternehmen.

» Arbeit managen und nicht die Menschen

Konventionelles Management ist Einflusshandeln. Manager sind dafür verantwortlich, dass die materiellen und immateriellen Güter des Unternehmens so eingesetzt werden, dass die Ziele des Unternehmens erreicht werden. Und Manager nehmen Einfluss auf die im Unternehmen arbeitenden Menschen (Leadership). Sie motivieren, fordern zu (Höchst-) Leistungen auf und führen ihre Teammitglieder im Sinne der Unternehmensziele. Im Laufe der Zeit hat die Leadership-Industrie viele Theorien und Ansätze hervorgebracht: Von autoritärer Führung über Laissez-faire bis hin zu transformativen Ansätzen. Heute wird viel über Empowerment, dienende Führung und Führung im digitalen Wandel gesprochen.

Wir brauchen keine Humble Leader

Alle dieser Ansichten bleiben jedoch bei dem konventionellen Ansatz stehen, dass ein Mensch einen anderen führt und diesen motivieren kann. Nur wird es heute nicht mehr autoritär gemacht, sondern etwas netter verpackt. Wenn ich ehrlich bin, bringt mich persönlich das Gerede um den „Humble Leader" auf die Palme. Ich möchte keinen anderen Menschen bei der Arbeit haben, der weiß, was mir guttut und mich durch seine Aufgabenverteilung ermächtigt. Ich möchte das schon selbst entscheiden. „Bin ich deswegen nicht geeignet für eine Zusammenarbeit im Unternehmen?", fragte ich mich. „Oder kann es Unternehmen geben, in denen wir anders zusammenarbeiten?"

> Das For-Purpose-Betriebssystem kennt kein Leadership durch Personen. Jedes Mitglied einer For-Purpose-Enterprise arbeitet autonom an seinen Aufgaben und in eigener Verantwortung. Sie haben keinen Chef; top-down ist abgelöst. Dies beruht auf dem Konzept der verteilten Autorität (vgl. Kapitel 1): Hier wird die Arbeit gemanagt … und nicht die Menschen!

» Ein Anreizsystem ist nicht nötig

In konventionellen Unternehmen bilden Anreizsystem einen der drei Hebel zur Umsetzung einer Strategie. Dabei entsteht sehr oft eine (ungute) Eltern-Kind-Dynamik. Manager setzen Gehaltserhöhungen, Boni, Belohnungssysteme und Zielvereinbarungen ein, um Anreize zu schaffen. Diese Werkzeuge können zwar das Verhalten von Menschen beeinflussen, denn viele Menschen tun das, was von ihnen verlangt wird. Den meisten sollte aber zwischenzeitlich bekannt sein, dass Belohnungssysteme niemals Menschen von innen heraus motivieren oder näher zu ihrem individuellen Sinn und dem Sinn des Unternehmens führen können.[42]

Trotzdem bleibt die Vergütung ein zentrales Thema der Mitarbeiterzufriedenheit – auch im For-Purpose-Betriebssystem. Denn wer arbeitet, möchte auch monetär entlohnt werden und davon das eigene gute Leben bezahlen können. Gleichzeitig werden für viele eine hohe Vergütung, Gewinn und Reichtum weniger wichtig für ihre Zufriedenheit. Die Anreize liegen vielmehr im Arbeiten in neuen Strukturen und in der Kultur, die jeder Person und dem Unternehmen Entwicklung und einen Beitrag zum Sinn ermöglicht. In Kapitel 3 lesen Sie mehr über das Vergütungssystem einer For-Purpose-Enterprise und in Kapitel 5 erfahren Sie, wie persönlicher Sinn und das Unternehmen aufeinander Bezug nehmen.

Ein reicher Mann

„Der Titel ‚Rich Man' fasst die Reise gut zusammen, die ich unternommen habe. Es war eine existenzielle Reise, eine spirituelle Reise. Ich habe versucht, ein besserer Mensch zu werden. Ich wollte soviel über mich herausfinden, wie ich konnte. Ich wollte eins werden mit anderen, nicht getrennt von ihnen existieren. Auf dieser Suche gab es viele Schwierigkeiten und Herausforderungen. Aber am Ende habe ich herausgefunden, dass ich alles, was ich brauche, in mir habe. Dass ich keine äußerlichen Reichtümer brauche. Höchstens Geld für die notwendigen Dinge. Aber sonst brauche ich nichts Materielles, um mich als reicher Mann zu fühlen. Ich bin reich, wenn ich mit mir im Einklang stehe und spirituell aktiv bin. Wenn ich für andere da sein und ihnen helfen kann."

Doyle Bramhall II, Gitarrist an der Seite von Eric Clapton, über den Titelsong seines Albums „Rich Man".[43]

Die For-Purpose-Enterprise und das Start-up encode.org

Gibt es ein Zuhause für die vier Prinzipien, wenn wir konventionelles Management hinter uns gelassen haben? „Ja, das gibt es: Ein Unternehmen mit dem For-Purpose-Betriebssystem – die For-Purpose-Enterprise!", sagte ich auf einem Vortrag vor hundert Zuhörenden in Hamburg. Danach umringten mich einige aus der Zuhörerschaft. „Welche Rechtsform sollte ich wählen?", fragt Christiane, die in ihrem Unternehmen eine selbstentwickelte Software zur persönlichen Weiterentwicklung benutzt und sehr sinnorientiert arbeitet. Sie hat in den vergangenen Jahren viel Geld in ihre Firma investiert und fragt sich nun, wie sie die Kapitalstruktur sinnhaft gestalten kann. „Wie soll ich Arbeit und Mensch differenzieren, in dem Kulturkreis, aus dem ich komme? Sagen Sie einmal einem saudi-arabischen Mann, dass er sein Ego bei der Arbeit außen vor lassen soll. Das kann ich mir beim besten Willen nicht vorstellen!", bringt sich Zaineb in unsere Gesprächsrunde ein. „Wie kann ein Unternehmen, das nach den neuen Regeln aufgestellt ist, mit traditionell aufgestellten Konzernen kooperieren? Geht das überhaupt?", will Christine wissen, die als Angestellte eines kleinen agilen Unternehmens mit einem großen deutschen Konzern zusammenarbeitet. „Dann hat die Führungskraft ja bald ausgedient", meint die Journalistin Anne.

» Entstehungsgeschichte der For-Purpose-Enterprise

Das Modell der For-Purpose-Enterprise (FPE) geht auf das Start-up encode.org LLC zurück. Drei Pioniere, Thomas Thomison, Peter Kessels und Christiane Seuhs-Schoeller, riefen encode.org in der Rechtsform einer amerikanischen LLC mit Sitz in Nevada im Dezember 2015 ins Leben.

Abb. 6: Die Gründerin und die Gründer von encode.org

Die drei hatten langjährige Erfahrung mit der Holacracy-Praxis als einem System der Selbstorganisation gesammelt und waren sehr zufrieden damit und mit den Neuerungen, die es in die Arbeitswelt gebracht hatte (darüber lesen Sie in Kapitel 3). Allerdings blieben zwei Bereiche bis dato ungeregelt:

1. Das Menschliche: Zum einen konzipierten die Urheber der Holacracy-Praxis diese bewusst so, dass die Menschen und ihre Bedürfnisse bei der Arbeit keine Rolle spielen. Die Holacracy-Praxis ist eine soziale

Methodik, deren Augenmerk auf der Ausrichtung der Arbeit am Sinn und auf ihrer Effizienz liegt. Menschen füllen zwar Aufgaben (sog. Rollen) innerhalb der Holacracy-Praxis aus; ihre Emotionen, Bedürfnisse und menschlichen Reaktionen sollten jedoch die Sinnerfüllung für das Unternehmen nicht verwässern. Die Mitarbeitenden leihen dem Unternehmen lediglich ihre Energie. Brian Robertson spricht selbst von „role and soul".[44] Doch wohin mit den menschlichen Themen? Dafür wurde in einer For-Purpose-Enterprise ein eigener Bereich geschaffen, der Kontext Mensch, von dem Kapitel 5 handelt. Eine For-Purpose-Enterprise ist ein Ort der Wärme, sorgt sich um seine Mitglieder und gibt Raum für persönliche Weiterentwicklung. Nur nicht dann, wenn ein Arbeitstreffen stattfindet!

2. Die Eigentumsstruktur: Zum anderen liefert die Holacracy-Praxis zwar neue Regeln für die Arbeit im Unternehmen, lässt jedoch die Eigentumsstruktur des Unternehmens bewusst außen vor. Bleiben aber die Eigentümer des Unternehmens eine Klasse für sich, ist die neue Machtverteilung noch nicht an ihrem Ziel angekommen, fanden Tom, Christiane und Peter im Jahr 2015. Deshalb weiteten sie die Regeln der Holacracy-Praxis auch auf die Ebenen des Eigentums und der rechtlichen Leitung und Kontrolle des Unternehmens aus (davon handelt Kapitel 4).

Als lebendiges Labor haben die Gesellschafterinnen und Gesellschafter von encode.org in den letzten drei Jahren das Modell der For-Purpose-Enterprise stetig weiterentwickelt und im eigenen geschäftlichen Handeln getestet. Ich bin dankbar dafür, dass ich seit Ende 2016 Gesellschafterin von encode.org sein kann und als Rechtsanwältin mit fast 20 Jahren Berufserfahrung endlich einen Wirkungsbereich gefunden habe, der mir durch und durch sinnvoll erscheint: gemeinsam mit Anwältinnen und Anwälten aus aller Welt für ihre Mandanten neue Gesellschaftsverträge zu entwerfen und darin die Prinzipien der For-Purpose-Enterprise zu verankern.

» Eine neue Unternehmensstruktur mit den Kontexten Arbeit, Recht und Mensch

Jedes Unternehmen braucht zumindest drei Bereiche, um am Markt zu operieren: Kapital, Menschen und Arbeit. Sie finden sich auch im For-Purpose-Betriebssystem wieder, und zwar im

- Kontext Arbeit,
- Kontext Recht und
- Kontext Mensch.

Alle drei Bereiche sind voneinander getrennt und gleichzeitig über den sogenannten **Ankerkreis** als koordinierendes Element miteinander verbunden („separate yet connected" nennen wir diese Art der Beziehung bei encode.org).

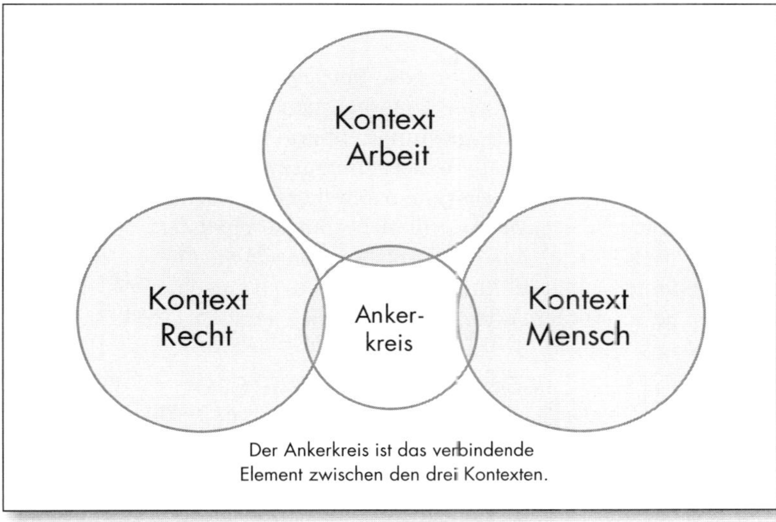

Abb. 7: Die Struktur der For-Purpose-Enterprise

Der **Kontext Arbeit** bildet alle planenden und ausführenden Tätigkeiten ab, die notwendig sind, um den Sinn der For-Purpose-Enterprise in der Welt zu verwirklichen. Dabei trennen Sie in Ihrem Unternehmen nicht zwischen Menschen, die nur planen, und anderen, die nur ausführen. Stattdessen leben Sie den Ansatz der verteilten Autorität (siehe Kapitel 1). Die interne Organisation und alle Prozesse sind in diesem Kontext ebenso zu Hause, wie die Strategie, das Geschäftssystem und – modell.

Die Themen Anteile, Eigentum, Investorenstellung und die neue Rolle der Gesellschafterinnen und Gesellschafter rücken im **Kontext Recht** in den Fokus. Wer an einer For-Purpose-Enterprise beteiligt ist, tut dies, um an erster Stelle den Sinn dieser Organisation zu fördern und nicht den individuellen Gewinn zu steigern. Die Gewinnsteigerung resultiert aus der Sinnverfolgung („Gewinn durch Sinn"). Es bedarf daher Investorinnen und Investoren, die eine langfristige Sicht einnehmen können und akzeptieren, dass sie keinen unmittelbaren Einfluss auf die Entscheidungen innerhalb des Unternehmens haben, sondern einen mittelbaren über die Regeln der Selbstorganisation.

Ihr persönlicher Sinn, das Miteinander, Feedback, Konfliktlösung, Emotionen und die persönliche Weiterentwicklung der Gesellschafterinnen und Gesellschafter sind im **Kontext Mensch** und nicht im Kontext Arbeit zuhause. So differenziert das For-Purpose-Betriebssystem auch strukturell zwischen Arbeit und Mensch. Im Kontext Mensch finden Sie das wonach sich viele von uns sehnen: Begegnung, Autonomie und persönliches Wachstum.

» Die Verankerung der Selbstorganisation

Unternehmen mit dem For-Purpose-Betriebssystem können for-profit oder not-for-profit sein. Soziale Unternehmen fallen genauso darunter, wie eine rein marktbasierte, gewinnorientierte Unternehmung. Das Betriebssystem ist offen für alle Unternehmenszwecke und Branchen. Ob ein Unternehmen das Betriebssystem anwendet und sich als For-Purpose-Enterprise qualifiziert, hängt somit nicht vom Geschäftsfeld, der Strategie oder den Produkten ab, sondern davon, wie konsequent die vier Prinzipien in der gesamten Unternehmung und nicht nur in einzelnen Abteilungen von allen gelebt werden, und dass sie rechtlich verankert sind.

> Die entscheidenden Schritte auf dem Weg zum For-Purpose-Betriebssystem liegen daher in der Abschaffung des konventionellen Leitungs- und Kontrollsystems von Unternehmen und der verbindlichen Festlegung für ein System der Selbstorganisation in allen drei Kontexten des Unternehmens.

Diese Bindung vollziehen Sie in der **rechtlichen Architektur des Unternehmens**, in den Gesellschaftsverträgen (siehe dazu Kapitel 4). Nunmehr ist das System der Selbstorganisation das allein verbindliche Regelwerk für die Verteilung der Autorität in Ihrem Unternehmen. Rechtlich gesehen regelt es insbesondere die Anzahl und Ausgestaltung der Organe des Unternehmens, die Führungsstrukturen und die Beschlussfassung. Es legt darüber hinaus die Rechte und Pflichten von Eigentümern und Investorinnen fest, regelt die Organisation der Arbeit und steuert die ganzheitlichen Prozesse der Mitgliedschaft im Unternehmen. Sie übergeben mit dieser Entscheidung die Macht von einzelnen Führungspersonen an ein System. Hier liegt ab jetzt – wenn Sie so wollen – das formale Zentrum der Macht. In der Abgabe der Macht an ein System sehe ich eine Parallele zur Blockchain und zum damit verbundenen Ansatz von Dezentralisierung. Die Blockchain kann jeder einsehen und niemand kontrollieren. Als verteilte Datenbank enthält sie eine Liste von Transaktionsdatensätzen, die vor Manipulation und Revision kryptografisch geschützt sind. Die Nutzerinnen und Nutzer der Blockchain hatten nicht länger Vertrauen in klassische Intermediäre, zum Beispiel Banken, sondern suchten ein kollektives, unabhängiges System. So ist es hier auch. Die Selbstorganisation ist von einzelnen Personen alias Führungskräften unabhängig.

Der Schritt zur Verankerung der Selbstorganisation ist durchaus mit einer Herztransplantation vergleichbar. Das Herz ist die zentrale Pumpe des Organismus und die OP ist ein tiefgreifender und durchaus mit Risiken verbundener Eingriff. Am Ende verspricht das neue Herz jedoch eine erheblich bessere Lebensqualität. Ein Unternehmen mit dem For-Purpose-Betriebssystem atmet nach dem Eingriff im neuen Takt und nach anderen Gesetzmäßigkeiten als konventionelle Unternehmen. Dieser Schritt ist drastisch und mit wesentlichen Veränderungen im Denken und Handeln verbunden, sodass gerade zu Beginn nicht alle Menschen damit klarkommen. Das gilt erst recht für Personen, die als Inhaberinnen und Inhaber die Vorteile der Machtkonzentration an der Spitze (Gewinnbeteiligung, Letztentscheidungsrecht, Status, konventionelle Macht) kennen und schätzen gelernt haben, ohne die Schattenseiten zu sehen oder sehen zu wollen. Daher erstaunt es nicht, wenn es in einigen Unternehmen auch zu Abstoßungsreaktionen oder Abwehrverhalten nach der Transplantation kommen kann.

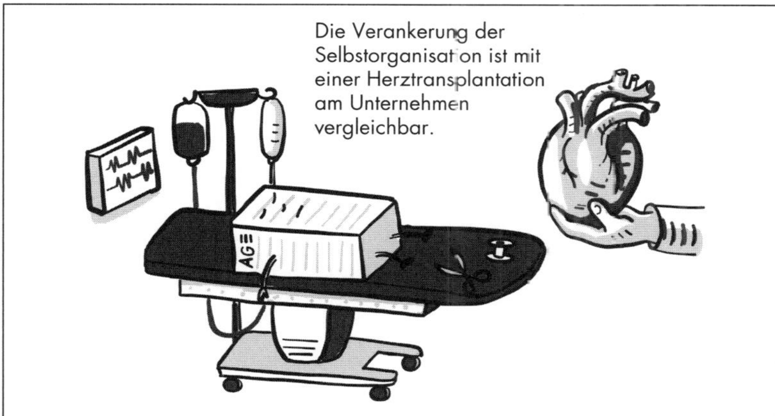

Abb. 8: Herztransplantation am Unternehmen

Unternehmen mit dem For-Purpose-Betriebssystem wenden **die Holacracy-Praxis** als System der Selbstorganisation an, wobei das Miteinander im Kontext Mensch davon komplett ausgenommen ist. Diese nicht nur in Deutschland viel diskutierte Organisationsform ist ein möglicher Weg, ein Unternehmen sinnorientiert von Grund auf neu aufzustellen. Die auf Gerard Endenburg zurückgehende Soziokratie ist ein anderes erprobtes Organisationsmodell hoher Qualität. Allerdings weist sie im Vergleich zur Holacracy-Praxis noch Spuren der persönlichen Macht und Kontrolle auf, die auf der linearen Managementorganisation aus der Zeit der konventionellen Managementhierarchie und des Taylorismus beruhen. Hier geht die Holacracy-Praxis noch einen Schritt weiter. Encode.org als Urheberin der For-Purpose-Enterprise hat die Holacracy-Praxis aus den folgenden drei Gründen als den maßgeblichen Ansatz für die Selbstorganisation gewählt:

1. Es handelt sich erstens um ein schriftlich festgehaltenes Regelwerk, das seit mehr als zehn Jahren im Unternehmensalltag erprobt ist.

2. Die Regeln sind für alle im Unternehmen verbindlich (niemand steht über dem Gesetz).
3. Die Holacracy-Praxis verteilt die Macht aufgabenbezogen und nicht mehr personenbezogen. Sie hat sich komplett von einem linearen Führungsmodell von Menschen über Menschen gelöst.

Diese Robustheit und Klarheit des Modells ist nach Auffassung von encode.org notwendig, um die Selbstorganisation juristisch in den Gesellschaftsverträgen zu verankern und sie auch für den Bereich Eigentum & Kapital als verbindliches Betriebssystem anzuwenden.

Kapitel 3
Arbeit und Vergütung – for purpose

Der Kontext Arbeit

Dieses Kapitel behandelt, wie **Arbeit und Vergütung nach dem For-Purpose-Betriebssystem** gestaltet werden und welche bedeutenden Änderungen im Vergleich zu konventionellen Unternehmen damit verbunden sind. Vom Aufbau des Unternehmens her ist der Kontext Arbeit einer von dreien und steht in enger Beziehung zu dem Kontext Mensch und zum Kontext Recht (vgl. die Abbildung auf Seite 57). Die im gesamten Unternehmen geltenden Regeln der Holacracy-Praxis sorgen im Kontext Arbeit dafür, dass sich die Struktur und Tätigkeit am Sinn ausrichten, dass alles Handeln agil und transparent ist, dass Arbeit und Mensch getrennt werden und die Macht neu verteilt wird (die vier Prinzipien aus Kapitel 1). Mit der Einführung der neuen Regeln lösen Sie sich von dem klassischen Verständnis, dass es Management braucht, um die Menschen und ihr Handeln zu koordinieren (Kapitel 2). Sie überlassen diese Aufgabe dem System der Selbstorganisation, in diesem Fall der Holacracy-Praxis.

Arbeit als einer von drei Kontexten

Im Kontext Arbeit geht es um alle geschäftsbezogenen Aufgaben des Unternehmens, also um die arbeitsteilige Organisationsstruktur des Unternehmens, die Verteilung der Entscheidungskompetenzen, die Strategie, das Geschäftsmodell, die Finanzen, die Prozesse, Führungsaufgaben, die operativen Tätigkeiten und dergleichen. Die Menschen spielen insofern eine Rolle, als sie dem Unternehmen ihre Energie zur Verfügung stellen. Alle zwischenmenschlichen und persönlichen Themen bleiben im Kontext Arbeit jedoch außen vor und erhalten ihren Platz im Kontext Mensch. Die Regeln für Beteiligung und Recht legen Sie unterdessen im dritten Kontext fest.

Die Holacracy-Praxis stelle ich in diesem Kapitel in dem Umfang näher vor, wie es für das Verständnis der weiteren Inhalte erforderlich ist. Wer tiefer einsteigen möchte, dem empfehle ich das Buch *Holacracy: Ein revolutionäres Management-System für eine volatile Welt* von Brian J. Robertson. Wer die Holacracy-Praxis schon kennt oder sogar praktiziert, kann die nächsten Seiten getrost überfliegen.

Die Holacracy-Praxis: Regeln im Dienst der Freiheit

„Was viele über Holacracy nicht wissen: Die Regeln stehen im Dienste der Freiheit", sagte ich zu Jos de Blok, der 2007 den niederländischen mobilen Pflegedienst Buurtzorg aufgebaut hat, der heute mit 14.000 Pflegekräften ohne einen einzigen Chef auskommt. 2018 saßen wir beide an einem für Hamburg lauen Sommerabend in einem Café im Schanzenviertel. Er hatte gerade erzählt, dass er kürzlich gemeinsam mit Brian Robertson auf einem Podium saß und über Selbstorganisation diskutierte. Für ihn, sagte er, schienen die vielen Regeln einfach zu komplex und sperrig. „Hast du denn die Holacracy-Praxis schon im Arbeitsalltag erlebt?", fragte ich als nächstes. „Nein", antwortete Jos. Ich erwiderte, dass es mir genauso gegangen sei, als ich die Regeln der Holacracy-Praxis zum ersten Mal las. Die englische Verfassung Version 4.1 der Holacracy-Praxis umfasst 38 Seiten mit vielen Paragraphen und Absätzen. Auch zu Beginn meiner Praxis als Mitglied von encode.org wusste ich oft nicht, welche Regel nun anzuwenden war oder warum die eine Regel in diesem Fall nicht galt. Durch die ruhige, klare und wertschätzende Art meiner Kolleginnen und Kollegen bei encode.org, allen voran Thomas Thomison, einem der Urheber der Holacracy-Praxis, lernte ich die Regeln kennen und erfuhr am eigenen Leib, welch befreiende Wirkung sie auf mich haben.

» Was ist die Holacracy-Praxis?

Die Holacracy-Praxis ist ein System der Selbstorganisation, das den Sinn der Organisation als Ausgangspunkt nimmt und diesen in eine Hierarchie der Arbeit bzw. der Aufgaben herunterbricht und fortentwickelt. Die Autorität innerhalb der Organisation wird dadurch auf neue Weise verteilt und nicht nur delegiert.

Brian Robertson versteht unter der Holacracy-Praxis eine „soziale Methodik für die Führung und die Arbeitsweise einer Organisation".[1] Sie umfasst:

- „**eine Verfassung**, die die Spielregeln bestimmt und die Autorität neu verteilt,
- eine neue Form von **Organisationsstruktur**, in der Rollen und Autoritätsbereiche der Mitarbeiter definiert werden,
- einen besonderen **Prozess der Entscheidungsfindung**, durch den diese Rollen ein Update erhalten können,
- einen **operativen Meeting-Prozess**, damit die Teams in Übereinstimmung bleiben und die Arbeit gemeinsam erledigen können."

Die Verfassung können Sie auf der Webseite von HolacracyOne in verschiedenen Sprachen herunterladen. Auf eine Kurzformel gebracht ist die Holacracy-Praxis die „Governance *der* Organisation, *durch* die Menschen, *für* den Sinn".[2] Die Holacracy-Praxis trennt konzeptionell zwischen den Aufgaben, sogenannten Rollen, auf der einen und den Personen mit ihren Motiven und Emotionen auf der anderen Seite. Brian Robertson spricht von „role and soul".[3] Mit dieser auf die Luhmannschen System-/Umwelt-Trennung (siehe Kapitel 1) zurückgehenden Vorgehensweise können Sie die Arbeit von individuellen Vorstellungen und Einflussnahmen befreien und sich vollends auf die Aufgaben konzentrieren, ohne Zeit mit Machtspielen und dergleichen zu verlieren.

Die Holacracy-Praxis nutzt das Konzept der Holarchie als neue Art der Hierarchie. Der Begriff der Holarchie geht auf Arthur Koestler zurück.[4] Nach ihm bezeichnet der Begriff eine Verbindung zwischen Holonen, wobei ein Holon sowohl ein Teil, als auch ein Ganzes ist. Ein sehr gutes Beispiel für ein Holon ist die menschliche Zelle, welche als Ganzes betrachtet werden kann und gleichzeitig Teil einer übergeordneten Struktur ist. Der amerikanische Philosoph und Autor Ken Wilber, Urheber der integralen Theorie, die in die Entwicklung der Holacray-Praxis eingeflossen ist, hat den Begriff der Holarchie weiterentwickelt. Nach ihm steht eine Holarchie der Kreise, Rollen und Zuständigkeiten für eine Verwirklichungshierarchie des Unternehmenssinns. Die klassische Über-Unter-Ordnung von Menschen in konventionellen Unternehmen deutet er in Richtung einer pathologischen Herrschaftshierarchie.[5]

» Die Entstehungsgeschichte der Holacracy-Praxis

Brian Robertson sagt in einem Interview, dass es schwierig sei, den Beginn der Suche nach dem „Code" der Holacracy-Praxis auszumachen.[6] Er wählt den März 2001, als er gerade seine Softwarefirma Ternary gründete.

Neue Ansätze, Unternehmen zu führen

Von diesem Moment an experimentieren er und seine Kollegen mit verschiedenen Ansätzen, Unternehmen ganz neu zu führen. Sie lesen die Bücher von Autoren, die sich über eine ermächtigende Unternehmenskultur und neue Wege der Zusammenarbeit Gedanken machen: Jim Collins, Peter Senge, Barry Oshry, Patrick Lencioni. Robertson befasst sich intensiv mit den Arbeiten der US-amerikanischen Organisationsentwicklerin Linda V. Berens, die einen Ansatz entwickelt hat, die individuellen Unterschiede von Menschen besser verständlich zu machen (Typologie) sowie im Unternehmen wertschätzender und produktiver mit ihnen umzugehen. Wie schon Carl Jung in den 1920er-Jahren herausfand, nehmen die Menschen die Welt sehr unterschiedlich wahr und bewerten sie auch auf ihre individuelle Weise. Alle Typen in der Methodik von Linda V. Berens nehmen den gleichen Stellenwert ein und finden in dem neuen System von Robertson ein Zuhause.[7] Hier ist Diversity im Unternehmen verankert. Die Arbeiten waren eine wichtige Grundlage für die Entwicklung der verschiedenen Meetingformate in der Holacracy-Praxis, die auf der Wahrnehmung von sogenannten Spannungen beruhen (zur Spannung siehe Seite 74).

Neue Prozesse und Strukturen

Robertson und seinem Team wurde auch deutlich, dass sie sich nicht nur mit kulturellen Ansätzen, sondern auch mit neuen Prozessen und Strukturen befassen mussten, um weiter voranzukommen. Sie haben sich im Jahr 2003 darauf konzentriert, alles, was sie aus den Prinzipien und Praktiken der agilen Softwareentwicklung kannten, in den Ansatz zu integrieren. In dieser Zeit stießen sie auch auf die Arbeiten von Kent Beck, Ken Schwaber, Jeff Sutherland, Mike Cohn, Mary Poppendieck und den *Getting Things Done* Ansatz von David Allen.

Die soziokratische Kreisorganisationsmethode

Im Dezember 2004 lernten Brian Robertson und sein Team die Soziokratische Kreisorganisationsmethode von Gerard Endenburg kennen. Endenburg hatte Ende der 1960er-Jahre den mittelständischen Betrieb seines Vaters (Endenburg Elektrotechniek) in den Niederlanden übernommen. Als Kind besuchte Gerard in den 1940er-Jahren die Schule des niederländischen Reformpädagogen Kees Boeke, wo er erste Erfahrungen mit neuen Formen der Entscheidungsfindung sammelte, die er später in sein Unternehmen einführte. Mehrere persönliche Gespräche zwischen Brian Robertson, Thomas Thomison, dem Soziokratieberater John Buck und Gerard Endenburg offenbarten die Parallelen und Unterschiede der beiden Ansätze. Thomas Thomison und Brian Robertson schlugen damals vor, mit der Soziokratie-Community zusammen zu arbeiten. Vielleicht gelänge es, gemeinsam nach zusätzlichen Elementen zur Steuerung von Wirtschaftsunternehmen und für die Verteilung von Autorität, gänzlich losgelöst von den beteiligten Personen, zu suchen. Hierüber konnten die vier jedoch keine Einigung erzielen. In der Folge entwickelten Brian Robertson und Thomas Thomison den neuen Ansatz unter Einbezug bestehender Elemente der Soziokratie zu einer eigenen Methodik weiter. Vereinzelt gibt es in der Community noch den Streit darüber, wie weit sich die Holacracy-Praxis tatsächlich von der Soziokratie abhebe, und den Vorwurf, Brian Robertson habe die Soziokratie weder ausreichend gewürdigt, noch durchgehend zitiert.[8]

Gründung von HolacracyOne

Im Jahr 2007 überführten Thomas Thomison und Brian Robertson die Holacracy-Praxis von der Softwarefirma Ternary unter das Dach der neugegründeten Firma HolacracyOne und arbeiteten in diesem „Labor" weiter an der Verbesserung der Methodik. Sie integrierten Aspekte der Integralen Theorie von Ken Wilber und befassten sich mit den Arbeiten von Patrick Lencioni, Elliott Jaques, Nassim Taleb und Eric Beinhocker. Als im Jahr 2008 das Marktumfeld für ausgelagerte Softwareentwicklung einbrach und der neue CEO von Ternary das Ruder ebenfalls nicht umdrehen konnte, wurde Ternary erst verkleinert und später geschlossen – ganz wie es den Prinzipien der dynamischen Steuerung entspricht.

Die Integrale Theorie

Der amerikanische Philosoph Ken Wilber, Jahrgang 1950, ist Urheber des Integralen Ansatzes („AQAL"), dessen Entwicklung er in den 1970er-Jahren begann. Seine Leitfrage ähnelt der von *Per Anhalter durch die Galaxis*: „Was ist der Zusammenhang von Leben, Universum und dem ganzen Rest?".[9] Die Abkürzung „AQAL" steht für „alle Quadranten, alle Ebenen, Linien, Zustände und Typen", welches zugleich die Hauptkomponenten des Modells von Ken Wilber sind. Das Modell der vier Quadranten ermöglicht, verschiedene Perspektiven auf die Wirklichkeit einzunehmen und damit Zusammenhänge besser erfassen zu können (Ich, Wir, Es, System). Die Gedanken der Systemtheorie greift er in dem unteren rechten Quadranten auf.

Abb. 9: Das AQAL-Modell von Ken Wilber
Quelle: In Anlehnung an https://www.integralesforum.org/medien/integrale-bibliothek/theorie-grundlagen/4823-ken-wilbers-integrale-theorie-und-praxis-eine-einfuhrung-2

Mit den Ebenen (Entwicklungsstufen) des Kosmos nimmt Wilber in seinem Ansatz wiederum Bezug auf psychologische Entwicklungsmodelle, insbesondere auf **Spiral Dynamics** (Beck/Cowan), die Frederic Laloux in seinem Buch *Reinventing Organizations* auf Unternehmen überträgt.

Holacracy-Praxis heute

Heute wird weltweit in mehr als 1000 Organisationen die Holacracy-Praxis angewendet.[10] Jeder kann sie in der eigenen Organisation frei benutzen. Wenn Sie jedoch Dienstleistungen anbieten möchten, die anderen Organisationen helfen, Holacracy zu implementieren, müssen Sie dem Lizenzprogramm beitreten.

» Zwei Vorbehalte gegen die Holacracy-Praxis

Der wohl bekannteste Vorbehalt gegen die Holacracy-Praxis ist, dass die Differenzierung von Arbeit und Mensch (role and soul, B. Robertson[11]) einerseits kühl und andererseits kaum umzusetzen sei. Schließlich seien wir alle Menschen, die mit unseren vielfältigen inneren Stimmen,[12] Seelen und Egos in den Unternehmen arbeiteten. Durch die Differenzierung von Arbeit und Mensch und die Schaffung des Kontexts Mensch gesteht das For-Purpose-Betriebssystem aber gerade allen menschlichen Aspekten ihre zentrale Bedeutung zu. Im For-Purpose-Betriebssystem geht es meiner Erfahrung nach sogar viel mehr um den Menschen als in allen anderen Organisationen, die ich bisher von innen gesehen habe – nur nicht gleichzeitig mit der Arbeit.

In fast jeder Diskussion über die Holacracy-Praxis wird kritisiert, dass die Regeln der Verfassung einfach zu starr seien, fast schon bürokratisch.[13] „Ja, stimmt", sage ich dann. „So lesen sie sich". Auf die Frage, ob die Personen bereits mit der Holacracy-Praxis gearbeitet haben, sagen genau dieselben Gesprächspartner durchwegs: „Nein." Und das genau ist der Punkt. Wenn ich die Verfassung nur lese, klingt sie trocken und wie ein detailliertes (langweiliges) Gesetz. Wenn ich sie im Ganzen anwende, erfahre ich, dass die Regeln im Dienst der Freiheit stehen.

Ausdruck eines größeren evolutionären Trends

Die Holacracy-Praxis ist für mich Ausdruck eines größeren evolutionären Trends zu neuen Formen der Arbeit und Zusammenarbeit. Dieser Trend wurde von Frederic Laloux erstmals beschrieben und weltweit katalysiert. Die von ihm empirisch aufgezeigten drei Durchbrüche evolutionärer Unternehmen – Selbstführung, Ganzheit und evolutionärer Sinn – sind sowohl in die Holacracy-Praxis wie auch in das For-Purpose-Betriebssystem integriert.

Die drei Durchbrüche evolutionärer Unternehmen nach Frederic Laloux

1. **Selbstführung:** Ein System mit neuen Hierarchien und verteilter Autorität, welches das traditionelle Management ablöst.
2. **Ganzheit:** Alle Mitglieder des Unternehmens sind eingeladen, alle Seiten von sich in die Arbeit mitzubringen und nicht nur die sozial akzeptierten, wie Stärke und Entschlossenheit. In evolutionären Unternehmen zählen nicht mehr allein die bekannten, extern gesetzten Kennzahlen für Erfolg (Umsatz, Gewinn, Effektivität, oder Produktivität), sondern zunächst, was ich als Mensch für richtig halte. Ich schalte um auf meinen inneren Kompass.
3. **Evolutionärer Sinn:** Unternehmen sind lebendige Systeme, die ihren eigenen Sinn in der Welt haben. Die Aufgabe aller Mitglieder des Unternehmens ist, diesen Sinn zu erkennen und umzusetzen.

» Der Schritt zur Holacracy-Praxis im eigenen Unternehmen

Wenn eine konventionelle Organisation die Holacracy-Praxis bei der Arbeit anwenden möchte, muss im ersten Schritt die Holacracy®-Verfassung von der aktuellen Entscheidungsträgerin (Gründer, Geschäftsführerin, Vorstand) unterzeichnet werden. Damit verlässt diese Person die traditionelle Machtverteilung und orientiert sich an einem System, wo niemand über dem Recht steht, sondern alle die gleichen Regeln befolgen. Mit der Unterzeichnung geht die Macht von der obersten Instanz im Unternehmen (Vorstand, Geschäftsführung) auf die Regeln der Verfassung über. Diese harte Verschiebung der Macht und des Einflusses ist nicht für jeden Geschmack. Im For-Purpose-Betriebssystem gehen Sie sogar noch einen Schritt weiter und verankern die Holacracy-Praxis im Gesellschaftsvertrag (siehe dazu Kapitel 4).

Einige vertreten die Ansicht, man könne die Holacracy-Praxis schlecht als Ganzes in einem etablierten Unternehmen einführen. „Das funktioniert nicht“, sagt zum Beispiel Robert Gahren über die Einführung der Holacracy-Praxis bei der Deutschen Bahn. Vielmehr experimentiert die Bahn nur mit ausgewählten Ansätzen in einigen Abteilungen des Konzerns.[14] Amy Groth schreibt in ihrem Artikel über die Holacracy-Praxis: „Einige beschreiben die Holacracy-Praxis als eine bittere Medizin. Es sei die strenge, zuckerfreie und reine Version der Selbstorganisation. Andere Unternehmen ziehen es vor, es langsamer anzugehen – und zwar stückweise“.[15]

Wie ich weiter oben beschrieben habe, können auch Hybridmodelle zu einer Veränderung der Arbeitswelten hin zu mehr Sinn, Transparenz, Dynamik und einer neuen Machtverteilung führen und die Menschen näher zueinander und näher zu sich führen. Ob *hybrid* oder *ganz* ist eine Entscheidung, die weder richtig, noch falsch sein kann, wo keine der Alternativen besser oder schlechter ist. Das For-Purpose-Betriebssystem kann sein Potenzial und seine befreiende Wirkung allerdings nur bei einer hundertprozentigen Implementierung der Holacracy-Praxis im Unternehmen entfalten.

Die neue Organisationsstruktur

Mit Ihrer Entscheidung für das For-Purpose-Betriebssystem und der rechtlichen Verankerung der Holacracy®-Verfassung im Unternehmen (siehe dazu Kapitel 4) endet die linear-hierarchische Organisationsstruktur Ihres Unternehmens. Die Mitarbeitenden sind nicht mehr nach Führungsposition, Funktion und Abteilungen in die Entscheidungs- und Führungsstrukturen des Unternehmens eingegliedert. Diese Hierarchie wird durch eine neue, aufgabenbezogene Hierarchie von **Rollen und Kreisen** ersetzt, deren Zuständigkeiten klar geregelt sind. Jede Rolle und jeder Kreis ist für sich autonom und gleichzeitig verbunden – Kennzeichen eines Holons und einer Holarchie (vgl. oben).

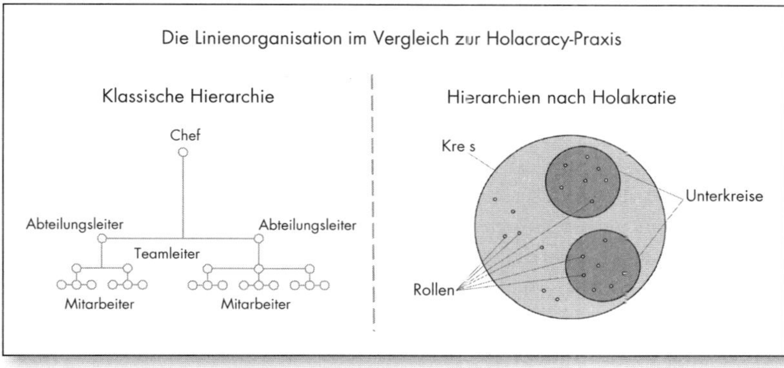

Abb. 10: Vergleich verschiedener Organisationsformen

» Rollen und Kreise statt Linien-Organigramm

Was eine Rolle und ein Kreis in der Holacracy-Praxis bedeuten, möchte ich an einem persönlichen Beispiel verdeutlichen. Ich hatte gerade das Buch *Reinventing Organizations* von Frederic Laloux gelesen und war wie elektrisiert: „Das kann doch nicht wahr sein. Solche Unternehmen gibt es!?" Ich konnte es nicht fassen und wollte mehr davon verstehen. Sollte es für mich als Rechtsanwältin vielleicht doch ein berufliches Zuhause geben? Könnte ich solche Unternehmen beraten? Mein Herz schlug höher. Zu Berufsbeginn als junge Anwältin in einer internationalen Großkanzlei hatte ich mich wie Falschgeld gefühlt. Fast jeden Morgen fragte ich mich „Sind *die* komisch oder ich?". Ich merkte, dass etwas nicht passte und konnte es damals noch nicht in Worte fassen. Die evolutionären Unternehmen, die Frederic Laloux beschreibt, tickten so ganz anders, als ich es bislang erlebt hatte. Hier sollte Platz für Ganzheit sein? Hier galten die Regeln der Selbstorganisation. Hier wurde ein Unternehmenssinn formuliert. Wow! Also postete ich einen Beitrag in einem Forum zur Holacracy-Praxis. Christiane Seuhs-Schoeller von encode.org las meinen Beitrag „Rechtsanwältin sucht Kontakt zu Unternehmen in Deutschland, die nach den evolutionären Prinzipien funktionieren und/oder die Holacracy-Praxis anwenden". Sie hatte damals die Rolle „Opportunity Sniffer" bei encode.org und damit die Aufgabe übernommen, in der ganzen Welt nach Verbindungen zu suchen, die für encode.org gerade wichtig sein könnten. Und encode.org suchte gerade eine Rechtsanwältin ...

> Eine **Rolle** hat sogenannte Verantwortlichkeiten („Accountabilities"). Das sind fortlaufende Aktivitäten, die die Rolle erfüllen muss. Andere können die Rolle dafür verantwortlich machen.

Zu den Verantwortlichkeiten der gerade erwähnten Rolle „Opportunity Sniffer“ gehörte damals das Aufspüren von guten Gelegenheiten und Kontakten für das Unternehmen. Die Rolle „Finance“ ist bei encode.org verantwortlich für die „Pflege der Beziehungen zu Banken oder anderen Finanzinstituten“. Neben den klaren Verantwortlichkeiten kann eine Rolle einen eigenen Sinn haben und auch einen definierten Bereich, in den ihr niemand hineinfunken kann (eine sog. Domäne). Die Rolle „Party People“ der Organisationsberatung dwarfs & Giants hat beispielsweise den Sinn: „Legendäre dG-Partys: Familienfreundlich, Rock'n' Roll und mehr!“. Dazu gehören die Verantwortlichkeiten „Auswahl von Standorten für dG-Parteien und Vertragsabschluss“; „ Entscheidung über Logistik, Catering, Materialien, Musik und Attraktionen“.[16] Ohne eigenen Sinn, richten sich die Rollen am Sinn des Kreises aus, zu dem sie gehören. Die Rolle „Earnings Plan Design“ hat bei encode.org die Domäne, das Vergütungssystem aufzustellen und zu überarbeiten.

Eine Person füllt in der Regel mehrere Rollen im Unternehmen aus. Sie kann dadurch die Aufgaben übernehmen, die besonders gut mit ihrem persönlichen Sinn übereinstimmen und die sie besonders motivieren. Wer eine Rolle übernimmt, gibt dieser Rolle ihre Energie und ist nicht etwa als Mensch mit der Rolle eins (vgl. die System-/Umwelt-Trennung nach Luhmann in Kapitel 1).[17] So werden nach der Holacracy-Praxis die persönlichen Befindlichkeiten, Wünsche, Sorgen und Vorstellungen bei den Arbeitstreffen ausgeklammert. Sie haben an anderer Stelle ihren Platz, und zwar im Kontext *Mensch* des For-Purpose-Betriebssystems.[18]

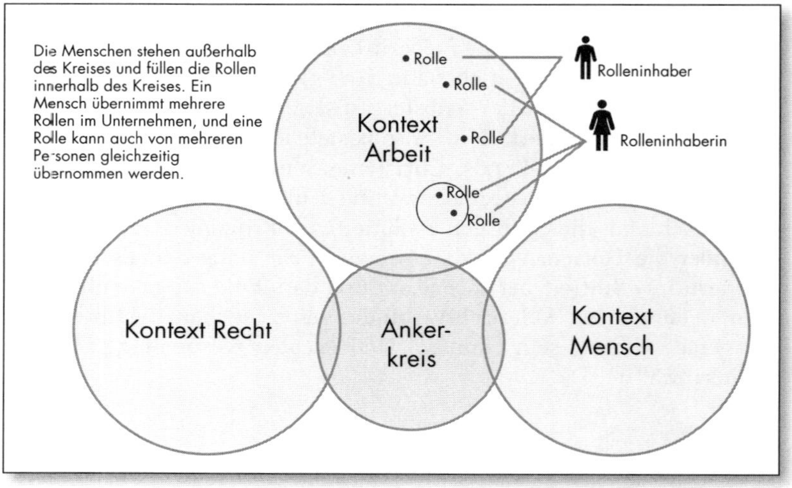

Abb. 11: Übernahme von Rollen

Rollen wandeln sich im Wege der dynamischen Steuerung und werden so der äußeren und inneren Realität der Organisation angepasst. Sie unterscheiden sich dadurch wesentlich von konventionellen Stellenbeschreibungen in Unternehmen, die meist statisch sind – und die niemand kennt.

Kreise

Mehrere zueinander passende Rollen werden nach der Holacracy-Praxis in **Kreisen** zusammengefasst, die wiederum einen Sinn, eine Strategie, optional einen geschützten Bereich (Domäne) und Verantwortlichkeiten haben. Sehr wichtig ist zu verstehen, dass ein Kreis keine Gruppe von Menschen ist, sondern eine Gruppe von Rollen.[19] Die Koordination zwischen den Kreisen erfolgt über bestimmte weitere Rollen, die im jeweiligen Ober- und auch im Unterkreis präsent sind (die sog. Lead Links und Rep Links), und über Rollen, die Kreise untereinander oder auch einen Kreis und eine außenstehende Anspruchsgruppe miteinander verbinden (sog. Cross Links bzw. XLinks).

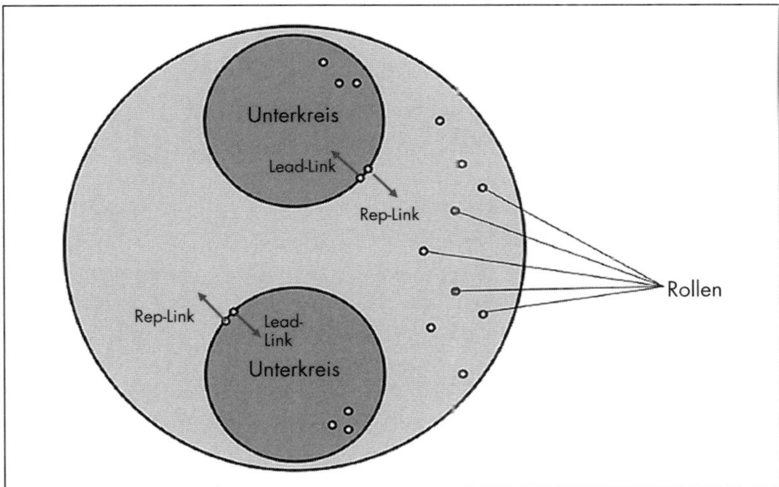

Abb. 12: Lead Link und Rep Link nach der Holacracy-Praxis

Hierarchie der Kreise

Der größte Kreis im Kontext Arbeit ist gleichzeitig das oberste Gremium des Unternehmens und trägt nach der Holacracy®-Verfassung den Namen **Ankerkreis** („Anchor" bei encode.org). Alle Aufgaben und alle Kompetenzen im Unternehmen haben hier ihren Ursprung. „Der Ankerkreis ist automatisch dafür verantwortlich, den Sinn der gesamten Organisation zu entdecken und auszudrücken“ (vgl. Art. 5.2 der Holacracy®-Verfassung). Er hat nach der Verfassung einige feste Rollen sowie obligatorische Rollen, die im Wege der dynamischen Steuerung geschaffen werden können. Der zweitoberste Kreis im Kontext Arbeit ist für das Tagesgeschäft zuständig und entfaltet operativ – je nach Organisationsstruktur gegebenenfalls mit weiteren Unterkreisen und Rollen – den Sinn der gesamten Organisation und drückt ihn in der Welt aus. Bei encode.org heißt dieser Kreis der *General*. Die Rolle Opportunity Sniffer war damals Teil dieses Kreises. Die aktuelle Struktur der Organisation von encode.org ist in der App Glassfrog für alle sichtbar verzeichnet.[20]

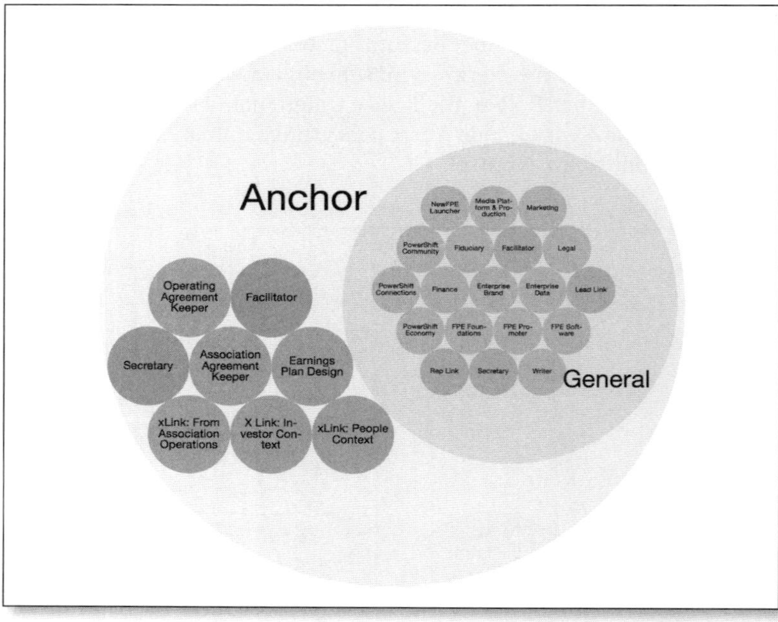

Abb. 13: Die aktuelle Struktur von encode.org (Stand März 2019)

» Es gibt keine herkömmliche Human Resources Abteilung mehr

Der Begriff „Human Resources“ stammt ebenso wie „Management“ aus einem konventionellen Führungsansatz von Unternehmen. Human Resources wird dort als ein Querschnittsprozess im Unternehmen bezeichnet, der die Teilaufgaben Personalmarketing, Auswahl, Einstellung, Onboarding, Verwaltung, Personalentwicklung, Controlling und Trennung umfasst. In konventionellen Unternehmen gibt es Inhaber und Inhaberinnen, eine Unternehmensleitung und viele Angestellte. Die Eigentümer sind am wirtschaftlichen Erfolg des Unternehmens beteiligt, der von den Angestellten unter der Verantwortung der Unternehmensleitung erwirtschaftet wird. Die Angestellten haben in der Regel keine Gewinnbeteiligung und keinen Einfluss auf die strategischen Entscheidungen im Unternehmen. Das Unternehmen verfolgt häufig keinen expliziten inhaltlichen Sinn, und auch die Angestellten suchen ihren Sinn vielfach außerhalb des Unternehmens. Um die Angestellten motiviert zu halten, denken sich die Unternehmen extrinsische Anreize aus, die von Boni über die Teilnahme an High-Potential-Schulungen bis zu frischem Obst zu jeder Zeit reichen. Empowerment durch Vorgesetzte wird hochgehalten und trainiert. Je größer das Unternehmen, desto wichtiger ist die HR-Abteilung für diese Motivationsarbeit und übernimmt in großen Unternehmen die Rolle der Inhaber.

In Unternehmen mit dem For-Purpose-Betriebssystem gibt es keine herkömmliche Human Resources (HR)-Abteilung mehr – weder im Kontext Arbeit, noch im Kontext Mensch (Kapitel 5).

Dafür gibt es drei Hauptgründe:

1. Es gibt im For-Purpose-Betriebssystem keine Angestellten, die es von außen zu motivieren gilt. Menschen fungieren nicht mehr als Öl der Maschine Unternehmen, die den Wert für die Shareholder steigern und dabei von Führungskräften angeleitet werden müssen. Vielmehr sind alle Personen in verschiedenen Formen am Unternehmen beteiligt (Kapitel 4) und dienen dem Unternehmen als *purpose agents* – Vertreterinnen des Sinns in der Welt. Weder gehören die Mitglieder dem Unternehmen, noch gehört das Unternehmen den Mitgliedern, auch wenn sie an ihm beteiligt sind.
2. Im Kontext Arbeit geht es um die Arbeit und gerade nicht um die Menschen (Differenzierung von Arbeit und Mensch). Sie befassen sich mit Fragen der Strategie, der Organisationsstruktur, dem Geschäftsmodell und den Projekten, frei von persönlichen Vorstellungen über richtig oder falsch, wichtig oder unwichtig, Motivation und dergleichen. Hier ist HR daher nicht zuhause.
3. Um die Menschen geht es im Kontext *Mensch*. Dort stellen Sie die Fragen zur persönlichen Zufriedenheit, zur Motivation, zum individuellen Sinn, zu den Wünschen oder persönlichen Zielen und zu operativen personenbezogenen Themen wie Vergütung oder Onboarding. Dennoch gibt es auch im Kontext Mensch keine HR-Abteilung im klassischen Sinne, sondern einen Kreis, der sich mit ganzheitlichen Prozessen der Mitgliedschaft befasst (dazu Kapitel 5).

Interne Koordination, Steuerung und Entscheidungsfindung

Mit dem Schritt zum For-Purpose-Betriebssystem haben Sie sich dafür entschieden, dass keine einzelne Person die interne Organisation des Unternehmens oder die Verteilung der Autoritäten allein gestalten kann (vgl. Kapitel 2). Die **Holacracy-Praxis** gewährleistet als System der Selbstorganisation die dynamische Ausrichtung der Arbeit am Sinn des Unternehmens, die interne Koordination und die Entscheidungsfindung anstelle Stelle der Führungskräfte, Manager oder CEOs in einem konventionellen Unternehmen. In der Holacracy-Praxis gibt es für die Steuerung drei Stellschrauben, die ich gleich näher beschreibe:

- den Governance-Prozess,
- den operativen Prozess und
- die Strategie.

Sie alle basieren auf dem Konzept der Spannung.

» Das Konzept der Spannung

Eine Spannung ist nach Robertson „eine bestimmte Lücke zwischen der momentanen Wirklichkeit und einem gespürten Potenzial".[21] Sie deutet damit auf eine Verbesserungsmöglichkeit für das Unternehmen hin und leitet alle Steuerungsprozesse und Meetings. Die Holacracy-Praxis heißt jede Spannung willkommen und dreht damit die übliche Dynamik um, dass Spannungen und Konflikte im Unternehmen zu vermeiden oder gar lästig seien. Eine Spannung ist vielmehr der Nährstoff für das Unternehmen als ein lebendiges System. Ein vollkommen spannungsfreier Zustand ist ... der Tod.

Arbeitsbezogene Spannungen

Nimmt eine Rolleninhaberin eine arbeitsbezogene Spannung wahr, bringt sie diese in ein Arbeitsmeeting ein. Alle Kreismitglieder bespre-

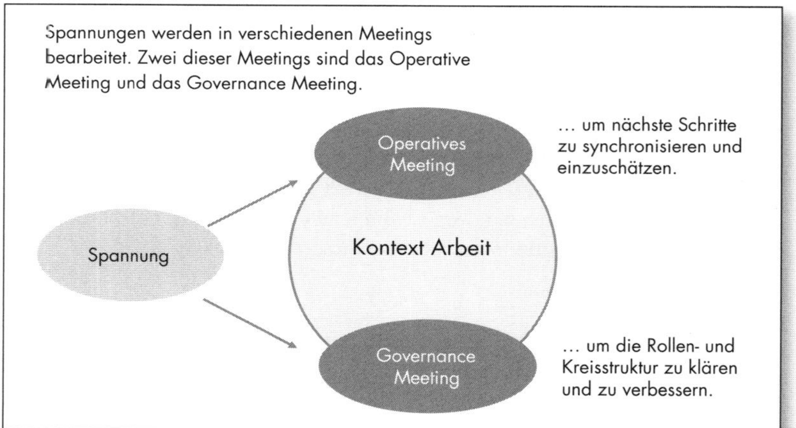

Abb. 14: Spannungen sind positiv besetzt; sie bringen das Unternehmen voran

chen das Thema und entscheiden nach festen Regeln, ob und welchen Veränderungsbedarf es gibt. Das Einbringen empfundener Spannungen ist eine zentrale Verantwortung der Rolleninhaber und ist auch in der Holacracy®-Verfassung festgehalten. Die Spannungen, die den Kontext Arbeit betreffen, fallen in verschiedene Meetings:

- Verteilung der Autorität: Geht es um die Schnittstellen von Rollen zueinander, den Aufbau der Organisation, die Schaffung von Rollen oder die Wahl zur Besetzung von Rollen, dann gehört die Spannung in ein **Governance Meeting**.
- Operative Koordination: Geht es hingegen um Absprachen, ein Ziel zu erreichen, um nächste Schritte oder einfach um eine Information zum Stand eines Projekts, dann ist das **operative Meeting** („Tactical Meeting") der richtige Ort. Während ein Governance Meeting also der Arbeit *an* der Organisation dient, nutzen Sie operative Meetings zur Arbeit *in* der Organisation.
- Feedback und Austausch: Mitglieder des Unternehmens können zudem jederzeit ein **Special Topic Meeting** (STM) einberufen, um sich zu einem bestimmten Thema mit anderen Rollen und auch Individuen operativ auszutauschen.
- Strategische Weichenstellungen: Die Strategie muss verändert werden? Dann ruft die Rolle Lead Link des Kreises ein **Strategiemeeting** ein.

Arbeitsbezogene Spannungen und Meetings		
Praxisbeispiel	**Charakterisierung**	**Meetingtyp**
Schaffung einer neuen Rolle	Arbeit *an* der Organisation	Governance Meeting
Abstimmung zwischen Rollen	Arbeit *in* der Organisation	Operatives Meeting
Feedback zu einer Idee	Austausch, Info, Abstimmung	Special Topic Meeting (STM)
Veränderung der Strategie eines Kreises	Strategische Ausrichtung	Strategiemeeting

Spannungen aus dem Kontext Recht

Spannungen in Bezug auf die Investorenstellung oder den eigenen Gesellschafterstatus behandeln Sie im Kontext Recht nach den Regeln der Holacracy-Praxis. Wollen Sie etwas klären, müssen Sie in diesem Kontext ein Meeting einberufen. Bestimmte Themen „einmal eben schnell“ bei einem Arbeitsmeeting mit zu besprechen und zu entscheiden, ist im For-Purpose-Betriebssystem nicht möglich. Im For-Purpose-Betriebssystem geben Sie der Klarheit in jedem Fall den Vorzug vor der Bequemlichkeit.

Spannungen aus dem Kontext Mensch

Spannungen im Zusammenhang mit zwischenmenschlichen Erwartungen, Macht(-spielen), Emotionen oder persönlichen Bedürfnissen sind im Kontext Arbeit nicht erlaubt und werden von der Moderatorin des Kreises („Facilitator“) zunächst angesprochen und dann ausgeklammert. Mit der Differenzierung von „role and soul“ wird das Menschliche aus den Arbeitstreffen herausgebeten.[22] Brian Robertson spricht vom „unpersönlichen“ Governance-Prozess.[23] Das For-Purpose-Betriebssystem bietet diesen menschlichen Spannungen eine Heimat im Kontext Mensch (siehe dazu Kapitel 5), ohne den das Unternehmen nicht vollständig wäre.

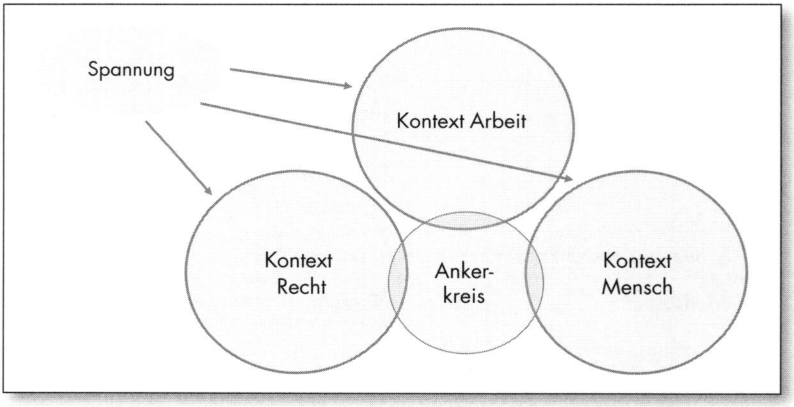

Abb. 15: Spannungen werden in allen drei Kontexten getrennt und im Ankerkreis integriert

Die Differenzierung zwischen den verschiedenen Spannungen und die Bereitschaft, diese in die verschiedenen Meetings und Kontexte im Unternehmen einzubringen, ist eine Kernkompetenz des Arbeitens im For-Purpose-Betriebssystem und zentral für den Erfolg dieser neuen Praxis. Das For-Purpose-Unternehmen *evolution at work* hat die Coaching-Methodik *Language of Spaces* entwickelt, um genau diese Kernkompetenz zu entwickeln. Ich stelle sie in Kapitel 5 vor.

» Der Governance-Prozess verändert die interne Struktur

Es gibt in jedem Unternehmen zu Beginn der Geschäftstätigkeit eine „Startaufstellung“ der Organisationsstruktur – und von da an werden die Aufgaben nach den Regeln der Holacracy-Praxis dynamisch verteilt, wodurch sich die interne Struktur verändert. Dafür dienen die Governance Meetings. Hier schaffen Sie Kreise oder lösen sie auf, verbessern Rollen oder schaffen sie ab, entwickeln neue Regeln für den jeweiligen Kreis und wählen Personen in bestimmte Rollen des Kreises.

Inhalte von Governance Meetings:

- Kreise werden neu gegründet
- Kreise werden abgeschafft
- Rollen und Schnittstellen werden verbessert
- Rollen werden aufgelöst
- Personen werden in Rollen gewählt

Eine Veränderung der internen Struktur erfolgt immer und auch nur dann, wenn eine von einer Rolle eingebrachte valide Spannung durch eine Veränderung der Struktur gelöst werden kann. Das heißt, jeder Veränderungsvorschlag muss in einer echten Spannung verankert sein, die Sie aus einer Ihrer Rollen im Kreis wahrnehmen – andernfalls kann er als ungültig verworfen werden. Durch diese Einschränkung bleiben die Vorschläge auf die Arbeit bezogen und sind nicht subjektiver Willfährigkeit unterworfen. Es ist also nicht so, dass sich die Struktur ohne Grund verändert, nur weil es gerade „en vogue“ ist und alle agil sein wollen. Der Grund, warum „meine Abteilung“ während meines Urlaubs damals aufgelöst wurde, war, dass sie zu groß geworden war und zu viele Themen umfasste. In Governance Meetings sind damals zwei neue Kreise entstanden und in einem von ihnen habe ich alle meine Rollen wiedergefunden. Ich habe seitdem gelernt, dass diese Art von Entscheidungen Alltagsgeschäft ist, mich niemand darüber informiert und sie vor allem nichts mit mir zu tun hatte. So konnte ich meine anfängliche Empörung fallen lassen ...

Ablauf von Governance Meetings

Die Governance Meetings finden in der Regel einmal im Monat statt. Dies ist jedoch von der Holacracy®-Verfassung nicht vorgeschrieben. Jede Rolle hat ein Recht auf Teilnahme, muss dieses jedoch nicht ausüben. Wenn eine Rolle nicht teilnimmt, kann diese selbstredend weder eigene Spannungen noch eigene Einwände einbringen. Diese bleiben daher in dem Treffen unberücksichtigt, was einen Verlust für das Unternehmen bedeuten kann. Ihre Abwesenheit gilt als „kein Einwand“ gegen einen

Vorschlag. Bei encode.org dauern die Governance Meetings in der Regel 90 Minuten. Sie beginnen auf die Minute, da encode.org als virtuelles Unternehmen besonders auf pünktliche Meetings angewiesen ist. Und sie enden auf die Minute. Alle Teilnehmenden können sich darauf verlassen, gleich im Anschluss einen weiteren Termin wahrnehmen zu können. In den 90 Minuten werden üblicherweise zwischen 10 und 20 Spannungen besprochen und Veränderungen *an* der Organisation beschlossen. Effizientere Meetings zur Organisationsstruktur habe ich persönlich noch nie erlebt. Groß angelegte Veränderungsprozesse sind im For-Purpose-Betriebssystem entbehrlich.

Die Governance Meetings haben einen festen Ablauf und feste Regeln, die in der Holacracy®-Verfassung festgeschrieben sind. Sie liefern Ihnen eine moderne Form der Entscheidungsfindung (integrative Entscheidungsfindung, integrative decision making, IDM) und ersetzten das Führungshandeln durch einen CEO oder die Gründerin.

Wenn Sie noch am Anfang der eigenen Holacracy-Praxis stehen, helfen Ihnen Karten zum Ablauf der Meetings sehr gut weiter.[24] Ich wünschte, ich selbst hätte zu Beginn davon gewusst. Dann hätte ich mich bei meinen ersten Versuchen als Moderatorin („Facilitator“) entspannter durchgewuselt.

Integrative Wahl zur Besetzung von Rollen

Einige Rollen in den Kreisen werden durch Wahl besetzt, andere von der Rolle *Lead Link* ernannt (siehe im Einzelnen die Holacracy®-Verfassung). Meine persönliche Erfahrung mit dem Integrativen Wahlverfahren ist sehr intensiv. In der ersten Wahlrunde geben alle Beteiligten ihren Vorschlag für eine Person ab und begründen dann vor allen, warum aus ihrer Sicht diese Person am besten geeignet ist, die Rolle zu füllen. Daraufhin können alle Beteiligten in einer zweiten Runde ihre Nominierung ändern oder beibehalten und begründen ihre Entscheidung erneut. Die Person mit den meisten Stimmen wird als neue Rolleninhaberin vorgeschlagen. Wenn es keine Einwände gibt, ist sie gewählt.[25]

Für mich war es sehr ungewohnt, vor allen anderen mit meinen Vorzügen angesprochen zu werden, und regelmäßig habe ich mich ein wenig dafür geschämt. Meinten die wirklich mich? Oh, tatsächlich. Zudem ist es auch möglich, sich selbst zur Wahl zu stellen und zu begründen, warum man am besten geeignet ist. „Ist das wirklich okay, mich vorzuschlagen?“, fragte ich mich anfangs. Ich habe gut ein Jahr gebraucht, das Verfahren mit seiner Offenheit und Klarheit schätzen zu lernen.

So interagieren die Organisationsstruktur und der Sinn des Unternehmens

„Wozu brauche ich den Sinn?“, fragt ein Geschäftsführer in einem Meeting zur strategischen Ausrichtung der eigenen Organisation. „Wir haben ein fünf Seiten langes Leitbild, das seit 12 Jahren besteht und sich nach wie vor gut liest. Ich kann einfach nicht nachvollziehen, welchen Vorteil es für die operativen Tätigkeiten in den einzelnen Abteilungen bringen soll, den Sinn des Unternehmens zu definieren. Und für meine strategischen Aufgaben als Geschäftsführer benötige ich den Sinn ebenfalls nicht“. Am Ende des Meetings sagt er: „Wir können ja eine Kommunikationsagentur mit der Formulierung unseres Sinns beauftragen.“ Und er vergibt den Auftrag an den zuständigen Mitarbeiter.

Anders als in diesem Beispiel ist der Sinn in Unternehmen mit dem For-Purpose-Betriebssystem die zentrale Referenz für jegliches Handeln (vgl. Kapitel 1). Die interne Organisationsstruktur spiegelt den Sinn auf allen Ebenen wider – in den Kreisen und in den Rollen. Im For-Purpose-Betriebssystem leben Sie den Satz **„structure follows purpose“** und nicht den vielzitierten Satz von Alfred Chandler (1962) „structure follows strategy“. Zentral ist, dass die internen Strukturen alle im Einklang mit dem übergeordneten Sinn der For-Purpose-Enterprise stehen („to be in alignment with“). Momentan ist der übergeordnete Sinn von encode.org *„To connect power, purpose and* work“. Der Sinn des operative Kreises *General* von encode.org lautet: „To create a purposeful, power-shifted economy that transcends capitalism“.[26] Der Sinn der Rollen innerhalb eines Kreises orientiert sich am Sinn des Kreises.

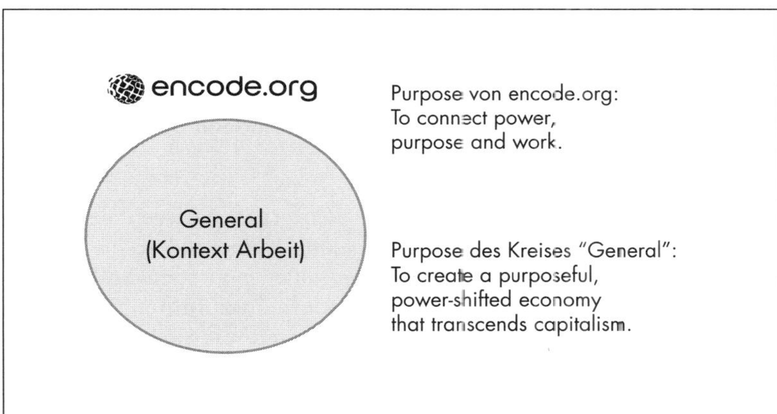

Abb. 16: Der Sinn als zentrale Referenz ist „in Schichten“ im Unternehmen präsent

> So wird der übergeordnete Sinn des Unternehmens quasi in „organisatorischen Schichten" im Unternehmen verteilt.

Gleichzeitig entwickelt sich der aktuelle Sinn des Unternehmens fort. Deswegen ist der Sinn des Unternehmens auch nicht in der Gesellschaftervereinbarung inhaltlich festgehalten (siehe Kapitel 4). Wenn Sie die Formulierung des Sinns suchen, finden Sie ihn in der Software, in der die sich dynamisch verändernde Arbeitsorganisation festgehalten wird (ich erwähnte es bereits, encode.org nutzt www.glassfrog.com). Nach Tim Kelley, Autor des Buches *True Purpose*, der an dem Meetup von encode.org im Oktober 2018 auf Malta teilnahm, hat ein Sinn eine Halbwertszeit von einem Jahr und sollte schon aus diesem Grund regelmäßig überprüft werden. Dies gilt für den Sinn des Unternehmens ebenso wie für den individuellen Sinn. Nach der Gesellschaftervereinbarung von encode.org ist der Ankerkreis dafür zuständig, die Entwicklung des Unternehmenssinns zu begleiten und ihn bei Bedarf neu zu formulieren. Das Unternehmen HolacracyOne hat eine Rolle im Ankerkreis festgelegt, die es zu seinem Sinn hinführt: der *Purpose Guide*. Eine der Verantwortlichkeiten dieser Rolle ist das „Erkennen und Vorschlagen von Aktualisierungen für den Sinn der Organisation". Ändert sich der Sinn, reagiert auch die Organisationsstruktur darauf. So interagieren Sinn und Struktur auf vielfältige Weise.

> Der Governance-Prozess verändert die interne Struktur auf neue Art und Weise, ohne dass einzelne Führungskräfte hierfür die Verantwortung tragen (müssen).

» Der operative Prozess und die interne Koordination der Arbeitsaufgaben

Durch die klare, schriftlich festgehaltene Governance wissen Sie, welche Verantwortlichkeiten an welche Rollen geknüpft sind und wo die Kompetenzen im Unternehmen liegen. Jede Ihrer Rollen gibt Ihnen die Autorität, alle notwendigen Schritte in eigener Autonomie auszuführen. So müssen Sie nicht darauf warten, dass Ihnen jemand sagt, was Sie tun sollen. Sie tun. Ich erinnere mich an verschiedene Situationen bei encode.org, wo ich nicht tätig wurde und stattdessen andere nach ihrer Meinung fragte. Dann erhielt ich regelmäßig die Antwort: „Hält dich etwas davon ab, das zu tun?" Ich antwortete: „Nein". „Nun, dann tu es!", bekam ich zu hören. Die Holacracy-Praxis steht insgesamt für eine Bevorzugung des Handelns gegenüber dem Abwarten („bias towards action"). Möchten Sie explizit

Feedback erhalten, dann können Sie dies in den operativen Meetings oder außerhalb dieser Meetings im 1:1-Gespräch erfragen. Doch niemand erwartet von Ihnen, dass Sie zuerst Feedback einholen, bevor Sie handeln. Wie ich schon im Abschnitt zur verteilten Autorität gesagt habe, wird Thomas Thomison nicht müde zu betonen: „We are no longer playing the asking for permission game" (Wir spielen nicht mehr das Spiel des um Erlaubnisfragens). Die nötige Orientierung für Ihr Tun bekommen Sie vom Sinn des Unternehmens, der sich in den Kreisen und Rollen spiegelt, und von der Strategie. Mit dieser alleinigen Verantwortung für Ihr Tun und für das Ergebnis geht eine deutliche Steigerung der Selbstführung und Selbstverantwortung aller Mitglieder des Unternehmens einher (siehe dazu weiter unten der Abschnitt zu Selbstführung und Selbstverantwortung).

Koordination der Aufgaben in den Operativen Meetings

Sie haben sich zwar vom Management verabschiedet (Kapitel 2), eine Koordination der Aufgaben benötigt Ihr Unternehmen aber ebenso wie eine konventionelle Firma. Die Abstimmung zwischen den Rollen und Kreisen findet in den sogenannten Tactical Meetings oder Operativen Meetings, eines Kreises statt. Der Ablauf dafür wird ebenso wie für die Governance Meetings in der Holacracy®-Verfassung definiert. Die Meetings dauern meist zwischen 30 und 90 Minuten und werden in der Regel wöchentlich abgehalten. Die Holacracy-Praxis unterscheidet auf Basis der Methode *Getting Things Done* von David Allen zwei operative Handlungsarten: Projekte und nächste Schritte.[27] Danach ist „jedes gewünschte Ergebnis, das mehr als einen Handlungsschritt erfordert", ein Projekt. Ein „nächster Schritt" ist für David Allen „die nächste materielle, sichtbare Tätigkeit, die ausgeführt werden muss, um die gegenwärtige Realität in Richtung der Umsetzung des Projektes zu bewegen."[28] Projekte bestehen also aus nächsten Schritten. Sie halten Ihre Projekte für alle Mitglieder des Unternehmens sichtbar in einer Datenbank fest, für encode.org beispielsweise auf glassfrog.com. Dabei formulieren Sie ein Projekt in der Vergangenheitsform: „Artikel zur Implementierung von Holacracy auf *medium.com* veröffentlicht". Dabei nennen Sie aber in der Regel kein Enddatum, es sei denn dieses ist durch Kundenwünsche oder die Natur der Arbeit vorgegeben bzw. intern vereinbart.

Chris Cowan über Projekte

„Ein Projekt ist JEDES Ergebnis

In der Holacracy-Praxis ist ein Projekt ein Ergebnis. Der Punkt ist nicht philosophisch – er ist einfach. Wir können jedes Ziel als „Projekt" bezeichnen. Doch mach dir nicht zu viele Gedanken darüber. Die Holacracy®-Verfassung lehnt sich stolz an diese Definition von David Allen an, die sowohl einfach als auch elegant ist. Wo Verantwortlichkeiten laufende

Aktionen definieren, ermöglichen uns Projekte, detaillierter und konkreter auf Aufgaben mit bestimmten Endpunkten einzugehen." [29]

Special Topic Meetings

Ein weiteres operatives Meeting ist das Special Topic Meeting (STM). Hier bezeichnet die einladende Person bzw. Rolle ein für die eigene Arbeit wichtiges Thema, zu dem sie sich mit bestimmten Rollen und/oder weiteren Perspektiven (z. B. Investoren, Individuen) austauschen möchte, um sich für die eigene Arbeit eine Meinung zu bilden, oder einfach, um Informationen zu bekommen. Ein STM folgt keinem vorgegebenen Ablauf und dauert meistens 60 bis maximal 120 Minuten. Die das Meeting einberufende Person bestimmt in der Regel die Agenda und entscheidet, was sie von den anderen Rollen benötigt und auch wann das Meeting wieder beendet werden kann.

Beispiel einer Einladung zu einem STM von der Rolle Enterprise Brand, encode.org

„STM – enterprise | PowerShift Community Branding Sitzung

Die Rolle Enterprise Brand lädt die folgenden Rollen zu einer Branding-Session ein: General, Purpose Communities, Web Presence, Community Developer, FPE Advisor, Community Infrastructure, Communication, Event Design, Deck Creator, Visuals, Content Creation, FPE Promoter.

Rollen, die nicht aufgelistet sind, aber an einer Teilnahme interessiert sind, sind als Zuhörende willkommen; aber die von Enterprise Brand gesetzte Priorität für dieses Meeting besteht darin, Feedback von diesen speziellen Rollen zu sammeln – und wenn es die Zeit erlaubt, von der breiteren Gruppe."

» Das neue Strategieverständnis

Eine Strategie ist in der Holacracy-Praxis keine Festlegung von messbaren Zielen, gekoppelt mit einem Fünfjahresplan zu deren Umsetzung und fortlaufender Kontrolle, wie es in konventionellen Unternehmen üblich ist. Eine Strategie ist stattdessen eine Leitlinie, die zwei wichtige Aspekte zueinander in eine wertende Beziehung setzt, was an das Manifest für Agile Softwareentwicklung erinnert. Diese Art der Strategieformulierung und -handhabung ermöglicht erst eine dynamische Steuerung des Unternehmens, anders als feste messbare Ziele es vermögen.

Aus dem Manifest für Agile Softwareentwicklung

„Wir erschließen bessere Wege, Software zu entwickeln, indem wir es selbst tun und anderen dabei helfen. Durch diese Tätigkeit haben wir die folgenden Werte zu schätzen gelernt:

Individuen und Interaktionen	mehr als	Prozesse und Werkzeuge
Funktionierende Software	mehr als	umfassende Dokumentation
Zusammenarbeit mit dem Kunden	mehr als	Vertragsverhandlung
Reagieren auf Veränderung	mehr als	das Befolgen eines Plans

Das heißt, obwohl wir die Werte auf der rechten Seite wichtig finden, schätzen wir die Werte auf der linken Seite höher ein."

So lautet die Strategie des Kreises „Holacracy Training" von HolacracyOne: „Die Entwicklung neuer Produkte und der Markttest sind *sogar noch wichtiger als* die Optimierung des Status Quo" (Hervorhebungen der Autorin).[30]

Der Strategieprozess

Die Strategie eines Kreises liegt in der Verantwortung der Rolle Lead Link des jeweiligen Kreises. In der Praxis wird die Strategie jedoch häufig nicht von dieser Rolle im Alleingang festgelegt, sondern in einem besonderen Strategieprozess in mehreren Phasen mit den Kreismitgliedern erarbeitet. Die Holacracy®-Verfassung gibt diesen Prozess nicht verbindlich vor (HolacracyOne hat seine Prozessschritte in GlassFrog veröffentlicht).[31] Der Prozess beinhaltet im Kern eine Retrospektive und einen Zukunftsteil. In allen Schritten arbeiten Sie mit den Spannungen, die von den Teilnehmenden eingebracht werden. Durch diesen Prozess, die neuen Instrumente und den Rahmen der Selbstorganisation benötigen Sie keine konventionelle SWOT-Analyse. Am Ende des Prozesses reflektieren alle Teilnehmenden, wie sie die Strategie konkret in ihre eigenen Projekte umsetzen und stellen diese Idee im Meeting vor.

Sie arbeiten in der Holacracy-Praxis sehr transparent und halten alle Informationen über Meetings in einer Software fest, auf die alle Zugriff haben (z. B. *HolaSpirit, Asana* oder *glassfrog.com*), sodass alle Rolleninhaberinnen mitsteuern können.

Im Ergebnis ermöglicht die Holacracy-Praxis Ihnen eine zeitgemäße interne Koordination, Steuerung und Entscheidungsfindung, die sich am Sinn ausrichtet, die Macht neu verteilt, Transparenz lebt und das Unternehmen dynamisch steuert.

Selbstführung und Selbstverantwortung

Führung nach der Holacracy-Praxis bedeutet vor allem Selbstorganisation und Selbstführung. Sie haben mit der Unterzeichnung der Holacracy®-Verfassung alle Führungsaufgaben (Planung, Strategie, Kontrolle) an das System der Selbstorganisation abgegeben und die Zuständigkeiten auf viele Schultern im Unternehmen verteilt. Das gilt ebenso für alle operativen Tätigkeiten. Bestimmte Rollen, nicht Menschen (!), haben die zu erledigenden Aufgaben übernommen. Eine besonders einflussreiche Führungs*rolle* ist der Lead Link eines Kreises (es ist eine Führungsrolle und keine Führungsperson!). Diese Rolle kann zum Beispiel einzelnen Personen die Rollenverantwortung wieder entziehen und sie ist auch für die erstmalige Besetzung und Umbesetzung von Rollen zuständig. In Ihrer Organisation gibt es ab jetzt weder Chef, noch Chefin und niemand kann als Person oder qua Position einem anderen Mitglied sagen, was es zu tun oder zu lassen hat. Leadership und People Management nach alter Lesart finden Sie nicht mehr vor.

Jedes Mitglied des Unternehmens ist stattdessen für die eigenen Rollen und die daraus folgenden Tätigkeiten allein und selbst verantwortlich. Anders gesagt: Anstelle *eines* CEOs haben Sie mit Verteilung der Autorität eine *Vielzahl* von CEOs, die eigenständig über die Arbeit ihrer Rollen entscheiden. Diese „CEO's" füllen die übernommenen Rollen mit ihrer Energie und Tatkraft aus. Das viel beschworene Angestellten-Motivationsziel „Unternehmerin im Unternehmen" wird damit Wirklichkeit. Die eigene Einschätzung einer Aufgabe ist die Basis für die notwendigen nächsten Schritte und Projekte, um den Sinn der einzelnen Aufgabe und der gesamten Organisation zu fördern. Doch die Aufgabe „gehört" der Person nicht; sie hat auch keinen Anspruch auf eine Rolle, nicht einmal einen moralischen (Prinzip 3: Differenziere Arbeit und Mensch). Vielmehr gibt oder leiht die Einzelne dem Unternehmen ihre Energie, um den Sinn zu verwirklichen.

Check oder no check?

Diese Art der Arbeit verlangt einen hohen Grad an Selbstorganisation. Um uns dabei zu unterstützen, stellt bei encode.org die Moderatorin („Facilitator") bei jedem operativen Kreismeeting während der Durchsicht der Checklistenpunkte die Frage „Check oder no check?". Damit ist gemeint, ob die jeweilige Person ihre Aufgaben einmal wöchentlich systematisch durchgegangen und geordnet hat. Encode.org nutzt für diese Form der Selbstorganisation und – kontrolle die sogenannte *Wöchentliche Überprüfung* (*Weekly Review*) nach David Allen[32], die ich als außerordentlich nützlich empfinde. Nur wenn Sie die Prozessschritte der *Weekly Review* tatsächlich in der infrage stehenden Woche durchgegangen sind, antworten Sie mit „check". Ansonsten sagen Sie „No check", und die Nächste ist dran. Die Frage der Moderatorin dient vor allem der Erinnerung, sie hat keine anderen Konsequenzen außer Transparenz gegenüber den Kolleginnen und Kollegen. Wenn Sie „No check“ antworten (z. B. weil Sie berufliche unterwegs oder in Urlaub waren), dann weiß Ihre Kollegin, dass Ihr individuelles Selbstorganisationssystem nicht auf aktuellem Stand ist, d. h. dass Sie gegebenenfalls die E-Mail, die sie Ihnen geschickt hat, noch nicht bearbeitet – „prozessiert“ – haben. Sie kann dann direkt im Meeting nachhaken, wenn es dringlich für ihre Rolle ist.

Die „GTD „Weekly Review“ von David Allen hat drei Elemente mit diversen Unterpunkten, die ich hier im Überblick darstelle:

1. **Löschen**
   Hier gehört der Schritt hin, alle Inboxen auf null zu setzen, also den E-Mail-Posteingang, die Sprachnachrichten oder eigene Mitschriften.
2. **Aktuell werden**
   Bei diesem Prozessschritt überprüfen Sie Ihre To-do-Liste, Ihren Kalender und aktualisieren die Projektliste.
3. **Kreativ werden**
   Hier werden Sie kreativ. David Allen formuliert es so: „Any new, wonderful, hare-brained, creative, thought-provoking, risk-taking ideas to add into your system???“[33]

Vergütung, Arbeitszeit und Urlaub

Im For-Purpose-Betriebssystem gibt es keinen Arbeitnehmerstatus mehr. Alle Mitarbeitenden sind Gesellschafter des Unternehmens, unabhängig davon, ob jemand Geschäftsführungstätigkeiten übernimmt, Beratungsleistungen für das Unternehmen erbringt oder hauptsächlich in der Administration tätig ist (vgl. im Detail Kapitel 4). Alle Mitglieder des Unternehmens erhalten daher kein Gehalt, sondern eine Vergütung in Form ihrer individuellen Gewinnbeteiligung am Unternehmen. Diese Gewinnbeteiligung wird über eine bestimmte Anteilsart abgebildet, im For-Purpose-Betriebssystem sind es die sogenannten P-Units (Profit Units). Bei Eintritt in die Gesellschaft erhält das neue Mitglied in der Beitrittsvereinbarung eine bestimmte Anzahl dieser P-Units und, wie Sie sich inzwischen sicher vorstellen können, kann sich die Anzahl im Laufe der Mitarbeit dynamisch nach den Regeln der Selbstorganisation verändern. Der Wert der P-Units wird vom Unternehmen im Gesellschaftsvertrag festgelegt. Bei encode.org ist eine P-Unit einen US-Dollar wert.

Das Vergütungssystem

Wie viel Sie nun konkret verdienen, bestimmt das Vergütungssystem des Unternehmens, das nach den Regeln der Holacracy-Praxis beschlossen und verändert wird. Bei encode.org liegt die Verantwortlichkeit dafür bei der Rolle *Earnings Plan Design*, die Teil des Ankerkreises ist.

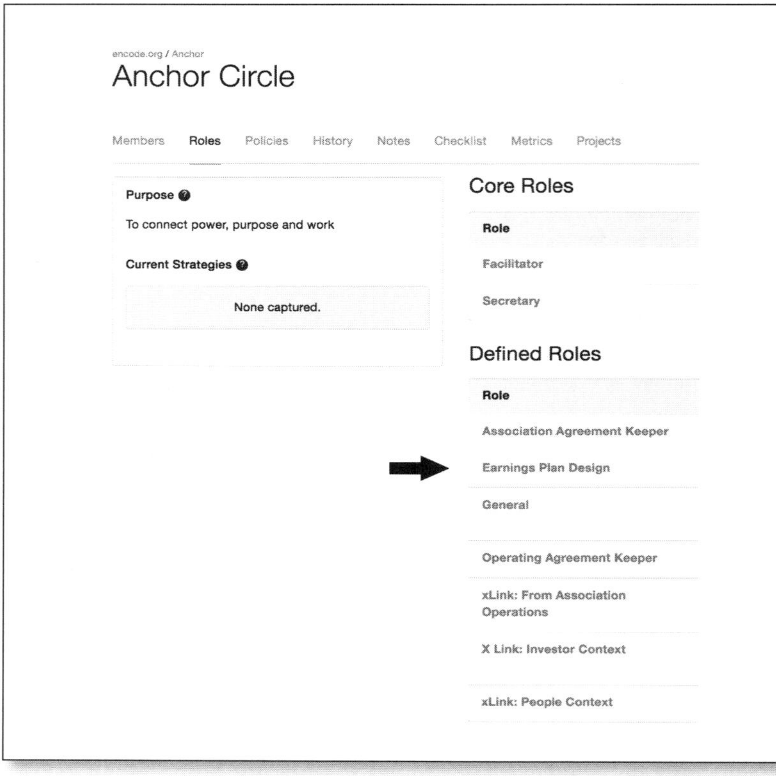

Abb. 17: Rollen im Ankerkreis von encode.org (Stand März 2019)

Das Vergütungssystem von encode.org bildet mehrere Vergütungsbestandteile ab:

1. Es gibt eine Basissumme für alle, die mitarbeiten (purpose grant).
2. Sie wird ergänzt durch eine Summe, die sich in drei Stufen erhöht, je stärker der eigene Beitrag zur Verwirklichung des Sinns von encode.org ist. Dieser Beitrag wird auf Basis der von der Person übernommenen Rollen bestimmt. Der Zeiteinsatz spielt insofern eine Rolle, als die höchste Vergütungsstufe nur bei einer Mitarbeit im Umfang von 60 bis 100 Prozent Fokuszeit (dazu sogleich) erreicht werden kann.

3. Zudem erhalten die Gesellschafterinnen und Gesellschafter mit besonderen, für das Unternehmen aktuell wichtigen Kompetenzen eine zusätzliche Vergütung. Zum Beispiel zahlte encode.org im Jahr 2018 monatlich zwischen 500 und 2.500 US Dollar für Kompetenzen im Bereich IT und User Experience.
4. Außerdem unterstützt encode.org Mitglieder, die für das Unternehmen besonders viele Dienstreisen unternehmen, mit einer monatlichen *Nomad Grant*.

Insgesamt ergibt sich ein Gehalt, von dem alle gut leben können, ohne morgen Millionärin zu sein. Bei encode.org und vielen anderen evolutionären Unternehmen gibt es im Ergebnis eine viel geringere Lohnspreizung als in Anwaltskanzleien zwischen Empfangsmitarbeiter und Equity Partnerin oder in Wirtschaftsunternehmen zwischen Hausmeister und Vorstand. CNNMoney hat errechnet, dass in den 50 erfolgreichsten US Unternehmen ein Geschäftsführer im Durchschnitt 379 Mal mehr als das Durchschnittsgehalt im jeweiligen Unternehmen verdient.[34] In diesen Unternehmen wurde das Leistungsprinzip meiner Meinung nach ad absurdum geführt.

Fokuszeit

Teilzeitarbeit ist bei encode.org jederzeit möglich. Die Vergütung berechnet sich dann anhand der von der Gesellschafterin mit dem Unternehmen vereinbarten Fokuszeit („focus time"). Das ist die von encode.org entwickelte Maßeinheit für die eingebrachte Kapazität. Die Kapazität bezieht sich auf den Wert des Einsatzes, nicht notwendigerweise auf den Zeiteinsatz und kann zwischen 100 und mindestens 20 Prozent betragen. Eine hundertprozentige Fokuszeit entspricht einer Vollzeitstelle. Wenn Sie es streng zeitlich bemessen wollen, dann sind 20 Prozent ein Äquivalent für einen Tag pro Woche, jedoch arbeiten wir bei encode.org nicht mehr in zeitlichen Maßeinheiten. Wenn Sie weniger als 100 Prozent arbeiten, bekommen Sie entsprechend weniger von dem absolut nach dem Vergütungssystem errechneten Betrag einer Vollzeitmitarbeit. Die Option, mit 20 Prozent meiner Kapazität mitzuarbeiten, habe ich persönlich gewählt, um encode.org neben meiner Angestelltentätigkeit und Familie noch in mein Leben integrieren zu können. Das stellte sich aber wegen der Zeitverschiebung zwischen Deutschland und den USA als eine große Herausforderung dar, weil alle Meetings nach 16:00 Uhr europäischer Zeit stattfanden; eine Zeit, die ich sonst mit unseren drei Kindern verbracht hatte. So landete unser jüngster Sohn nicht selten vor einem Kinderfilm und alle drei erschienen regelmäßig auch als „unangemeldete Gäste" in den Videokonferenzen von encode.org. Zum Glück ist das bei encode.org nicht nur kein Problem, sondern willkommen – anders als bei dem BBC Interview mit Professor Robert Kelly vom März 2017, das um die Welt ging.[35] Wie dankbar bin ich bis heute, dass die Mitarbeit so flexibel möglich ist!

Die flexible Arbeitszeitgestaltung und das Denken in Kapazität statt in Stunden bringen eine hohe Verantwortung für die Mitglieder des Unternehmens mit sich, für eigene Ruhe- und Auszeiten zu sorgen. Nach der Gesellschaftervereinbarung von encode.org stehen jeder Gesellschafterin und jedem Gesellschafter pro Jahr fünf Wochen Erholungszeit zu, die sie auch nehmen sollten, um gut für sich zu sorgen. Im letzten Teil „Menschen und Miteinander" schildere ich, dass Self Care im For-Purpose-Betriebssystem großgeschrieben wird und wie die sogenannten „weichen Faktoren" aus der Tabu-Ecke des Unternehmens herauskommen.

Gewinnausschüttungen

Neben der Vergütung für die Mitarbeit können die Mitglieder einer For-Purpose-Enterprise auch durch eine Beteiligung am Kapital des Unternehmens jährliche Gewinnausschüttungen erhalten. Diese sogenannten C-Units (Capital Units) erläutere ich in Kapitel 4, in dem es um Recht und Eigentum geht. Dort gehe ich auch auf die frühe Phase des Unternehmens ein, in der Sie durch Ihre Mitarbeit ohne Auszahlung einer Vergütung oder durch Kapitaleinsatz Anteile am Unternehmen erwerben, sogenannte A-Units (Dynamic Equity Allocation Units). Der Wert einer A-Unit entspricht bei encode.org ebenfalls einem US Dollar, egal ob sie durch Arbeit oder durch Kapital erworben ist. Hierdurch stellt encode.org die Gleichwertigkeit zwischen Kapital und Arbeit her.[36]

Beginn und Ende der Mitarbeit

Mit der Übernahme von Rollen beginnt Ihre Mitarbeit im Unternehmen. Um Rollen zu übernehmen, müssen Sie nicht Gesellschafterin werden. Das ist nur nötig – und üblich-, um für die Mitarbeit eine Vergütung in Form eines Anteils am Gewinn zu erhalten. Für den Eintritt in die Gesellschaft unterzeichnen Sie die Beitrittserklärung. Diesen für mich persönlich sehr bedeutenden Schritt habe ich während des Meetups von encode.org Ende 2016 in Amsterdam getätigt. Zwei Jahre später habe ich meine aktive Tätigkeit für encode.org unterbrochen, um dieses Buch zu schreiben. Ich habe dafür die Rolle Enterprise Membership informiert – und das war es. Ich hörte auf, P-Units, Anteile am Gewinn, zu beziehen und blieb weiterhin Gesellschafterin mit C-Units, also Anteilen am Kapital. Möchte ich mich ganz vom Unternehmen lösen, dann kann ich meine C-Units verkaufen und die Gesellschaft komplett verlassen, was für mich derzeit nicht in Betracht kommt.

Warum sollte ich auch aufhören? Ich habe New Work in Reinform für mich entdeckt, sehe einen Sinn in dem, was ich tue, kann mich voll und ganz einbringen und partizipiere durch ein innovatives Vergütungsmodell am Erfolg der gemeinsamen, sinnstiftenden Unternehmung.

Kapitel 4
Recht und Beteiligung – for purpose

Als ich anfing, für encode.org Rollen mit juristischem Bezug zu übernehmen, habe ich erlebt, was es heißt, als Rechtsanwältin sinnorientiert zu arbeiten. Denn ich wusste sofort, **wozu** die Struktur eines Gesellschaftsvertrages, die juristische Argumentation zu Stimmrechten oder die Ausgestaltung der Beteiligung am Unternehmen gut waren. All dies sollte dazu dienen, die Arbeit, das Eigentum und das Miteinander am Sinn des Unternehmens auszurichten und die Macht neu zu verteilen. Mit dem Sinn von encode.org konnte ich mich von Anfang an identifizieren: *Going Beyond Employment. Liberating purposeful work.* Auch der weiterentwickelte Sinn passte zu mir: *To connect power, purpose and work.*[1] Ja, das wollte ich: mit neuen Strukturen den Weg zu mehr Sinn im Wirtschaftsleben bereiten und dieses Vorgehen in der Welt bekannt machen.

Seit Beginn meiner Mitarbeit leuchtete es mir unmittelbar ein, dass die Ausrichtung am Sinn, die dynamische und transparente Steuerung und die neue Machtverteilung im Unternehmen erst dann vollständig sind, wenn zusätzlich zur Arbeit und zum Miteinander, auch die **Rechtsgrundlagen** des Unternehmens anders gefasst und alte Strukturen durch neue ersetzt werden.

Für diese zentralen rechtlichen Veränderungen brauchen Sie eine nationale Rechtsform, die dafür offen ist. Encode.org baut zurzeit ein weltweites Netzwerk an progressiven Anwältinnen und Anwälten auf, um solche Gesellschaftsverträge für interessierte Unternehmen zu entwickeln. Dieses Kapitel handelt von einer innovativen Vertragsgestaltung und ihren Auswirkungen auf das rechtliche Unternehmensgefüge. Ich verknüpfe es mit einem zweifachen Benutzungshinweis:

1. Die weltweite rechtliche Umsetzung des For-Purpose-Betriebssystems ist noch *work in progress*. Für die USA hat encode.org mit der LLC (Nevada) eine Lösung gefunden, die bereits erprobt und „safe enough to try“ ist. Für den Rest der Welt und auch für Deutschland ist das Projekt noch mitten in der Entwicklungsphase. Lesen Sie dieses Kapitel daher vor allem, wenn Sie Lust verspüren, die Rechtsgrundlagen gemeinsam weiterzuentwickeln.
2. Möchten Sie stattdessen einen ersten Eindruck von der rechtlichen Dimension des For-Purpose-Betriebssystems gewinnen, dann lesen Sie nur den folgenden Abschnitt „Der Kontext Recht“ und springen dann zum fünften und letzten Kapitel.

Der Kontext Recht

Dieser dritte Kontext ergänzt den Kontext Arbeit und den Kontext Mensch. Im Kontext Recht rücken die Themen Rechtsform, Anteile, Eigentum, Investorenstellung, Haftung, Organverfassung, Beschlussfassung und die neue Rolle der Gesellschafterinnen und Gesellschafter in einer For-Purpose-Enterprise in den Fokus.

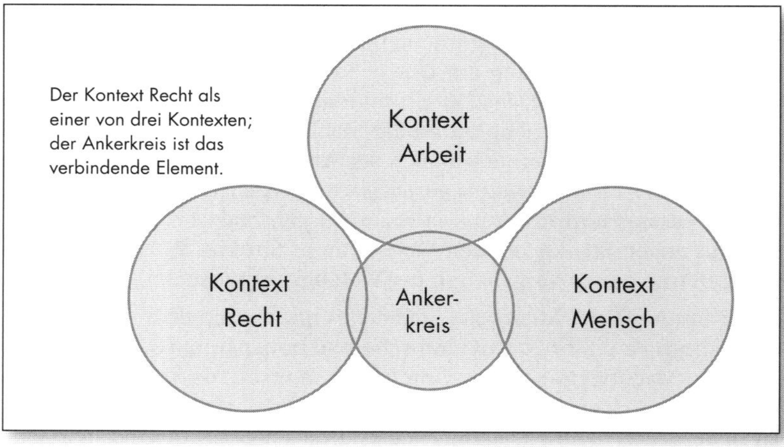

Abb. 18: Die Struktur der For-Purpose-Enterprise

Das For-Purpose-Betriebssystem erhebt den Anspruch, die vier Prinzipien

1. Den Sinn als oberstes Ordnungsprinzip des Unternehmens etablieren,
2. Alles Handeln agil und transparent gestalten,
3. Arbeit und Mensch differenzieren und integrieren und
4. Die Macht neu verteilen

auch in der rechtlichen Architektur des Unternehmens umfassend abzubilden.

Das Bekenntnis zu den vier Prinzipien führt zu zentralen Veränderungen in den Gesellschaftsverträgen einer For-Purpose-Enterprise im Vergleich zu konventionellen Unternehmen. Die einzelnen Punkte dieser Übersicht vertiefe ich im folgenden Abschnitt.

For-Purpose-Enterprise	Konventionell geführte Unternehmen
Unternehmen als lebendiges System	Unternehmen als Eigentums- und Investitionsobjekt
Selbstorganisation (hier: die Holacracy-Praxis)	Management und Leadership
Purpose: alles rechtliche Handeln für die Gesellschaft (Geschäftsführung, Vertretung) richtet sich am Sinn aus	Vision, Mission, Werte als (oft ungelebte) Leitlinien
Dynamische Steuerung auch für die Fortentwicklung der Rechtsgrundlagen und der rechtlichen Befugnisse	Vorhersage und Kontrolle als Leitprinzip; Gesellschafterorgan als Weisungs- und Kontrollinstanz
Sich verändernde Höhe der Beteiligung am Unternehmen („dynamic equity") in der Bootstrapping-Phase (in dieser Phase finanzieren die Gesellschafter das Unternehmen aus eigenen Mitteln)	Feste Beteiligungen der Gründerinnen bereits vor Aufnahme der Geschäftstätigkeit
Einfacher, dynamisierter Ein- und Austritt in die Gesellschaft	Schwierige Berechnung des Kapitalanteils bei Austritt
Transparenz	Silos der Information; Gesetze, die Beteiligung einfordern, wie z. B. das deutsche Betriebsverfassungsgesetz
Differenzierung der drei Kontexte	Vermischung von Investoren- und persönlichen Interessen
Neue Machtverteilung; führt zu einer neuen rechtlichen Governance und Kompetenzverteilung der Organe; Investoren investieren in den Sinn und können das Unternehmen nicht lenken	Alte Machtverteilung; abgebildet in der konventionellen Pyramidenstruktur; Investoren können stets die Ausrichtung des Unternehmens vorgeben und es kontrollieren

Sowohl Unternehmen mit gemeinnützigen wie solche mit wirtschaftlichen Zwecken können das For-Purpose-Betriebssystem anwenden. Ein For-Purpose-Unternehmen löst sich von der Dichotomie zwischen *for-profit* auf der einen und *not for-profit* auf der anderen Seite. Eine For-Purpose-Enterprise kann beides sein – in jedem Fall ist sie for purpose.

Die juristische Garküche lädt zum Experimentieren ein. In den folgenden beiden Abschnitten beschreibe ich die zentralen Veränderungen im Detail und mögliche Rechtsformen für eine For-Purpose-Enterprise. Alle, die sich nicht für juristische Themen begeistern, lesen getrost bei Kapitel 5 weiter.

Die zentralen rechtlichen Veränderungen im Detail

Die Übernahme der vier Prinzipien in den Gesellschaftsvertrag führt zu zentralen Veränderungen im rechtlichen Gefüge Ihres Unternehmens. Mit diesem Schritt gründen Sie eine hundertprozentige For-Purpose-Enterprise.

Halten Sie alle Ideen und Kritik zur rechtlichen Umsetzung fest, die Ihnen beim Lesen kommen, und bringen Sie sie über die PowerShift Community von encode.org aktiv in die Diskussion zur geeigneten Rechtsform ein.[2] Anders als die über zehn Jahre erprobte Holacracy-Praxis existiert das Modell der For-Purpose-Enterprise erst seit knapp vier Jahren im US-amerikanischem Recht (encode.org, LLC Nevada) und wird seit Kurzem auf andere Rechtsordnungen übertragen.

Der Einfachheit halber spreche ich in Zukunft übergreifend vom „Gesellschaftsvertrag" und meine damit alle Vereinbarungen im Gesellschafterkreis, die zur Gründung und Ausgestaltung der Gesellschaft aufgestellt werden. Dazu zählen insbesondere der Gründungsvertrag (Charter, Satzung) und die Gesellschaftervereinbarungen wie Operating Agreement, Stimmbindungsvertrag oder Geschäftsordnung.

Terminologie: Verwendete Synonyme für Gesellschaftsvertrag

→ Charter
→ Satzung
→ Operating Agreement
→ Stimmbindungsvertrag
→ Geschäftsordnung

» Die Selbstorganisation löst das Management ab

Den zentralen Schritt auf dem Weg zu einem neuen Betriebssystem gehen Sie, wenn Sie die konventionelle Leitung und Kontrolle eines Unternehmens abschaffen und ein **System der Selbstorganisation** verbindlich in die rechtliche Architektur Ihres Unternehmens einführen. Deswegen habe ich diesen Schritt weiter oben auch mit einer Herztransplantation verglichen (Seite 59 und Abbildung 8). Mit der Verankerung der Holacracy-Praxis im Gesellschaftsvertrag Ihrer For-Purpose-Enterprise stellen Sie klar, dass die Macht von den Eigentümern und Geschäftsführerinnen an das System der Selbstorganisation abgegeben wird (Seite 30). Das For-Purpose-Betriebssystem ist offen für verschiedene Modelle der Selbstorganisation, solange Sie die vier Prinzipien in gleicher Konsequenz integrieren, die Regeln schriftlich festgehalten sind, für alle gelten und Macht nicht mehr personenbezogen ist. Derzeit gibt es meines Wissens keine Alternative zur Holacracy-Praxis, die diese Kriterien erfüllt.

Ratifizierung der Holacracy®-Verfassung

Durch die Vertragsklausel zur Selbstorganisation und die Unterschrift unter den Gesellschaftsvertrag ratifizieren Sie die Holacracy®-Verfassung formal. Kein Individuum kann diesen Schritt wieder rückgängig machen; eine Abkehr von der Holacracy-Praxis könnte nur unter Auflösung der Gesellschaft geschehen. Weltweit haben viele Unternehmen die Holacracy®-Verfassung ratifiziert. Die Software glassfrog.com verzeichnet über 1000 Unternehmen als Nutzer.[3] Die meisten dieser Unternehmen haben es jedoch bei konventionellen Gesellschaftsverträgen belassen und die Selbstorganisation nur auf die Arbeit bezogen. In solchen Fällen können die Geschäftsführung, der Vorstand oder der Betriebsrat die Einführung der Holacracy-Praxis per Entscheidung wieder rückgängig machen. Das ist zum Beispiel bei Medium oder Finance Fox geschehen.

Auszug aus dem Operating Agreement von encode.org

Artikel III: Governance, Leitung und Kontrolle

A. Annahme, Wirkung und Interpretation der Verfassung. Zum Zeitpunkt dieses Beschlusses bestätigen die Mitglieder hiermit die Holacracy®-Verfassung als einziges Leitungs- und Kontrollsystem der Organisation.

Die Holacracy®-Verfassung ist nunmehr in Ihrem Unternehmen das allein verbindliche Regelwerk für die Verteilung der Autorität. Die Regeln legen im Kontext Recht insbesondere die Ausgestaltung der Geschäftsführungs- und Vertretungsbefugnis, die Organstruktur, die Beschlussfassung und die rechtliche Verteilung der (Führungs-)Aufgaben im Unternehmen fest. Darüber hinaus betreffen sie im Kontext Arbeit die Aufbauorganisation, die Erledigung der Arbeit (Prozesse, Schnittstellen) und im Kontext Mensch seine interne Struktur und die Personalprozesse innerhalb des Unternehmens. Im Ergebnis betreffen die Holacracy-Regeln alle drei Kontexte einer For-Purpose-Enterprise – wenn auch in unterschiedlichem Ausmaß.

Als Mitglied einer For-Purpose-Enterprise lösen Sie sich endgültig vom klassischen Verständnis, dass Unternehmen eine zentralistisch organisierte Unternehmensführung, ein Management, brauchen, um die Menschen und ihr Handeln zu koordinieren.[4] Hieraus resultieren weitere entscheidende Veränderungen für Ihr Unternehmen, wie die rechtlich verankerte Ausrichtung am Sinn, die Entkoppelung vom Einfluss des Eigentums oder die dynamische Steuerung der Rechtsgrundlagen.

» Die Ausrichtung am Sinn

Herkömmliche Gesellschaftsverträge beginnen mit den Paragraphen zur Firma und zum Sitz und schildern dann den unternehmerischen Zweck (ideell vs. wirtschaftlich) sowie den inhaltlichen Zweck bzw. den Gegenstand des Unternehmens. Rechtlich gesehen bezeichnet der Gegenstand konkret „den Bereich und die Art der Betätigung der Gesellschaft",[5] zum Beispiel die Herstellung und den Vertrieb von klimaneutral produzierten Trinkflaschen oder die gemeinsame Ausübung des Anwaltsberufs.

Auszug aus der Satzung der gut.org gemeinnützigen AG mit (1) ideellem Zweck, (2) inhaltlichem Zweck, (3) Gegenstand

§ 2 Gegenstand des Unternehmens

(1) „Die Gesellschaft verfolgt ausschließlich und unmittelbar gemeinnützige, mildtätige und kirchliche Zwecke (...).

(2) Zweck der Gesellschaft ist, das nationale und internationale Einwerben von Spenden und Schenkungen (...).

(3) Zur Verwirklichung des Satzungszwecks entwickelt und betreibt die Gesellschaft Internet-Plattformen (...)."

Der Gesellschaftsvertrag Ihrer For-Purpose-Enterprise stellt statt des Zwecks oder des Gegenstandes den Sinn an erste Stelle, ohne diesen inhaltlich im Vertrag festzuschreiben. Auch den Unternehmensgegenstand formulieren Sie im Vertrag nicht inhaltlich aus – so dies rechtlich zulässig ist. Die Beschreibung des Sinns und des Gegenstandes Ihres Unternehmens halten Sie stattdessen in einer Software für alle einsehbar fest. So bleiben Sinn und Gegenstand für Veränderungen im Wege der dynamischen Steuerung offen. Die Regeln der Holacracy-Praxis gewährleisten die Ausrichtung aller drei Kontexte (Arbeit, Recht, Mensch) am Sinn des Unternehmens. Im Kontext Recht bedeutet dies zum Beispiel, dass sich alle Geschäftsführungstätigkeiten und alles Vertretungshandeln am Sinn orientieren müssen.

Außerdem definieren Sie in Ihrem Gesellschaftsvertrag inhaltlich abstrakt, was *Sinn* bedeutet (vgl. Art. 5.2. der Holacracy®-Verfassung) und heben hervor, dass Unternehmenssinn und individueller Sinn voneinander getrennt sind.

Auszug aus dem Operating Agreement von encode.org

Der „Sinn" der For-Purpose-Enterprise bezeichnet das weitgehendste kreative Potenzial, das das Unternehmen nachhaltig auf der Welt ausdrücken kann, in Anbetracht aller auf es wirkenden Einschränkungen, und allem, was ihm zur Verfügung steht. Dies umfasst seinen geschichtlichen Hintergrund, seine aktuelle Leistungsfähigkeit, die verfügbaren Ressourcen, Partner, seinen Charakter, seine Kultur, Geschäftsstruktur, Marke, Marktkenntnis und alle anderen relevanten Ressourcen oder Faktoren. Die For-Purpose-Enterprise wird seinen Sinn fortlaufend weiterentwickeln, klären und in der Welt zum Ausdruck bringen. Der ursprüngliche Sinn wurde in der Vereinbarung unter den Gründungsmitgliedern („Founding Members Agreement") festgelegt.

„Individueller Sinn" bezeichnet in Bezug auf jede natürliche Person das primäre, treibende kreative Potenzial, das diese Person besonders gut geeignet ist, in der Welt auszudrücken, angesichts all ihrer Zwänge und Begrenzungen, ihrer Inspiration, ihrer Fähigkeiten, verfügbaren Ressourcen, ihres Charakters, ihrer Kultur, ihres Fachwissens und aller anderen Ressourcen oder Faktoren, die relevant sein können.

» Die Struktur der Gesellschaft: drei Kontexte

Im Gesellschaftsvertrag legen Sie die Struktur des For-Purpose-Unternehmens fest. Wie Sie ja bereits wissen, differenzieren Sie zwischen Arbeit und Mensch (vgl. Prinzip 3) und betrachten auch die Rechtsverhältnisse und die Beteiligung am Unternehmen davon getrennt. Daraus resultieren die drei Kontexte: Arbeit, Recht und Mensch. Dahinter steht die Überzeugung, dass alle drei Bereiche unterschiedlichen Regeln und Dynamiken folgen und jedem Kontext am besten gedient ist, wenn er die volle Aufmerksamkeit bekommt. Diese Struktur liegt einem For-Purpose-Unternehmen unabhängig von seiner Rechtsform zugrunde und ist tatsächlich einmal ein relativ statisches Element in der Welt der dynamischen Steuerung.

Auszug aus dem Operating Agreement von encode.org

Der „Kontext Recht" bezeichnet einen der drei Hauptkontexte einer For-Purpose-Enterprise (FPE), der sich auf die rechtlichen, haftungsrechtlichen, regulatorischen und steuerlichen Regelungen, die Kapitalstrukturen und den Investorenkontext bezieht.

Der „Kontext Arbeit" bezeichnet einen der drei Hauptkontexte einer FPE, der durch die Holacracy®-Verfassung strukturiert wird und die Arbeit am Sinn ausrichtet.

Der „Kontext Mensch" bezeichnet einen der drei Hauptkontexte einer FPE, der durch die Gemeinschaftsvereinbarung strukturiert wird und sich auf die Beziehungen der Mitglieder zueinander bezieht.

» Die vier Arten von Anteilen

An einem For-Purpose-Unternehmen können Sie sich auf verschiedene Weise beteiligen.

C-Units	A–Units	P-Units	D-Units
Long Term Capital Interest – Beteiligung am Vermögen	*Dynamic Allocation Interest –* Aufbau einer Beteiligung am Vermögen in der Bootstrapping-Phase	*Profit Interest –* Beteiligung an Gewinn und Verlust	*Deferred Profit Interest –* Aufgeschobene Beteiligung an Gewinn und Verlust

Sie können zum einen in die Gesellschaft aufgenommen werden und mitarbeiten, ohne eine Kapitaleinlage zu leisten und ohne Arbeitnehmerin zu sein. In diesem Fall vereinbaren Sie mit der Gesellschaft, dass Sie Dienstleistungen statt Kapital einbringen. Als sogenannte Arbeitsgesellschafterin erhalten Sie im Gegenzug für Ihre Dienste sogenannte P-Units am Unternehmen (Profit Interest). Sie sind über diese Anteile am Gewinn und am Verlust der Gesellschaft beteiligt, nicht jedoch am Vermögen. Je nach der gesellschaftsvertraglichen Ausgestaltung sind Sie in der Folge rechtlich gesehen auch in der Geschäftsführung des Unternehmens oder „nur" mitarbeitende Gesellschafterin, was jedenfalls im deutschen Recht Auswirkungen auf eine mögliche Sozialversicherungspflicht hat. Außerdem ergeben sich aus einer Geschäftsführerstellung je nach Rechtsordnung bestimmte Publizitätspflichten.

Sie können außerdem am Vermögen mit sogenannten C-Units (Long Term Capital Interest) beteiligt sein. Diese Vermögensbeteiligung erhalten Sie ganz klassisch über eine Kapitaleinlage oder über die Umwandlung von zwei weiteren Anteilen in C-Units:

1. Wenn sich das Unternehmen noch in der Bootstrapping–Phase befindet, in der die Finanzierung über Eigenmittel und Eigenleistungen erfolgt (encode.org nennt sie die „dynamic equity period"), können Sie über einen Kapitaleinsatz oder über Ihre unvergütete Arbeitsleistung für das Unternehmen sogenannte A-Units erwerben (Dynamic Allocation Interest). Diese Vorgehensweise beruht auf dem Ansatz von Mike Moyer, Slicing Pie.[6] Die Anzahl der A-Units bestimmen Sie mithilfe des Vergütungssystems und den nach der Holacracy-Praxis in Ihrem Unternehmen beschlossenen Umrechnungsraten („conversion rates") von Kapital bzw. Dienstleistungen in A-Units. Die Vergütung für Ihre geleisteten Dienste, die Sie während dieser Phase nicht in Geld (P-Units) ausgezahlt bekommen, wird bei encode.org mit dem Faktor 2 in A-Units umgerechnet und in Ihrem Kapitalkonto festgehalten. Kapitaleinlagen werden mit dem Faktor 4 multipliziert. Damit honoriert encode.org das eingegangene Risiko in Bezug auf den Erfolg des Unternehmens.

Die Umrechnungsraten in der Bootstrapping-Phase (in A-Units)

- Kapital in A-Units

  10.000 Euro Faktor 4 → 40.000 A-Units

  Wenn Sie in der Bootstrapping-Phase 10.000 Euro Kapital zur For-Purpose-Enterprise beitragen, werden diese mit dem Faktor vier multipliziert und demzufolge in 40.000 A-Units umgerechnet. Die A-Units werden auf einem gesonderten Kapitalkonto festgehalten.
- Dienstleistungen in A-Units

  Unvergütete Arbeitsleistung

  i. H. v. 10.000 Euro Faktor 2 → 20.000 A-Units

  Wenn Sie in der Bootstrapping-Phase der For-Purpose-Enterprise Ihre Arbeitsleistung im Gegenwert von 10.000 Euro (nach dem Vergütungssystem) zur Verfügung stellen, wird dieser Betrag mit dem Faktor zwei multipliziert und demzufolge in 20.000 A-Units umgerechnet.

Das Leitungsorgan, der Ankerkreis, kann nach den Regeln im Gesellschaftsvertrag den sogenannten „Equity Split" beschließen. Mike Moyer spricht hier von dem Moment des „slicing pie". Damit endet die Bootstrapping-Phase und die „post dynamic equity period" beginnt; die von den Mitgliedern erworbenen A-Units wandeln sich mit dem Faktor 1:1 in C-Units um. Jedes Mitglied hält in der Folge einen bestimmten Anteil am Kapital. Encode.org ist diesen Schritt im Mai 2017 gegangen, und ich erinnere mich noch gut an meine freudige Aufregung, als Thomas Thomison in der Rolle *Finance* uns allen die errechneten Kapitalbeteiligungen bekannt gab.

Umrechnungsraten nach dem Equity Split

90.000 A-Units 1:1 → 90.000 C-Units

Sagen wir, Sie haben in der Bootstrapping-Phase 90.000 A-Units erworben (über Kapital- und/oder Arbeitseinsatz), dann wandeln sich diese mit dem sogenannten Equity Split in 90.000 C-Units um (C-Units sind Anteile am Vermögen der Gesellschaft). Hier gilt nach den im Gesellschaftsvertrag festgelegten Regeln der Faktor 1.

2. Auch nach dem Equity Split kann es Phasen geben, in denen das Unternehmen nicht allen Mitarbeitenden den Anteil am Gewinn (die Vergütung in Form von P-Units) auszahlen kann oder in denen Sie Ihren Gewinnanteil im Unternehmen belassen möchten. Dieser Anteil wird verzinst und als D-Units (Deferred Profit Interest) ebenfalls auf einem Kapitalkonto geführt.

Umwandlung von P-Units in D-Units

10.000 P-Units → 10.000 D-Units + Verzinsung

Sie leisten für das Unternehmen Ihre Dienste und erhalten dafür aktuell keine Vergütung ausgezahlt. In diesem Fall wandeln sich Ihre P-Units (Profit Units, Gewinnbeteiligung) monatlich in D-Units (Deferred Profit Units, aufgeschobene Gewinnbeteiligung) um. Der Betrag wird vom Unternehmen verzinst und die Zinsen werden Ihnen auf Ihrem Kapitalkonto gutgeschrieben. Den Zinssatz legen Sie im Gesellschaftsvertrag fest.

Nach den im Gesellschaftsvertrag festgelegten Regeln können Sie sich diese D-Units zu einem späteren Zeitpunkt auszahlen lassen oder sie in C-Units umwandeln.

Auszahlung von D-Units oder Umwandlung von D-Units in C-Units

10.000 D-Units + Zinsen → in Euro

10.000 D-Units + Zinsen → in C-Units

Die von Ihnen erworbenen und gemäß den Regelungen im Gesellschaftsvertrag verzinsten D-Units können Sie sich auszahlen lassen oder diese in C-Units (Anteile am Vermögen) umwandeln. Die Regelungen dazu sind im Gesellschaftsvertrag enthalten.

In einer For-Purpose-Enterprise können Sie Eigentümerin bzw. Investorin mit C-Units, A-Units oder D-Units sein. Die bloßen Gewinn- bzw. Verlustanteile (P-Units) verleihen Ihnen keine Investorenstellung.

» Die Entkoppelung vom Einfluss des Eigentums

In Kapitel 2 beschrieb ich, dass ich eine For-Purpose-Enterprise als ein lebendiges System betrachte, das nur sich selbst gehört und dem die Gesellschafterinnen und Gesellschafter als *Purpose Agents* dienen. Keine Gesellschafterin und kein Gesellschafter sollen bestimmenden Einfluss auf die Leitung und Kontrolle des Unternehmens haben können. Mit dem For-Purpose-Betriebssystem haben Sie sich entschieden, das System der Selbstorganisation als das neue Zentrum der Macht zu verankern – und keine Personen.

Möglichkeiten der Entkoppelung vom Einfluss des Eigentums

Wie können Sie diese Entkoppelung vom Einfluss des Eigentums rechtlich umsetzen?

- Sie könnten darüber nachdenken, ein eigentümerloses Vehikel, das nicht am Markt auftritt, an die Spitze des Unternehmens zu setzen, z. B. eine Stiftung. Dort verankern Sie die Regeln der Holacracy-Praxis und die neue Corporate Governance.
- Sie schließen im Gesellschafterkreis einen Stimmbindungsvertrag und legen dort fest, dass alles, was nach der Holacracy®-Verfassung beschlossen wurde, auch in der Gesellschafterversammlung umgesetzt wird. Die zweite Variante hat jedoch den Nachteil einer bloß privatrechtlichen Vereinbarung im Gegensatz zu einer Regelung in der Satzung des Unternehmens.

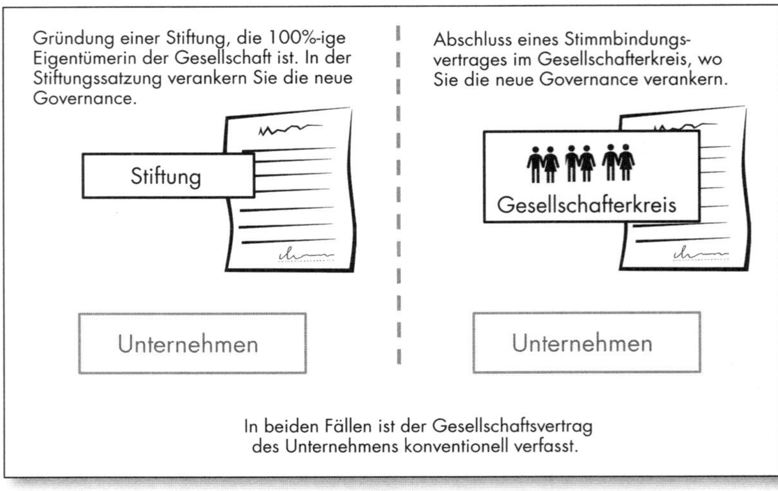

Abb. 19: Varianten zur Entkoppelung vom Einfluss des Eigentums

Sie können auch eine neue Rechtsform fordern, die den Gedanken des treuhänderischen Eigentums umsetzt – wie die Purpose Stiftung. Das For-Purpose-Betriebssystem setzt demgegenüber bei bestehenden Rechtsformen an und gestaltet in den Grenzen der rechtlichen Zulässigkeit die Corporate Governance neu. Der Gesellschaftsvertrag einer For-Purpose-Enterprise verändert die Organstruktur, die Kompetenzverteilung der Organe, die Stimmrechte der Gesellschafter und die Beschlussfassung in den Organen.

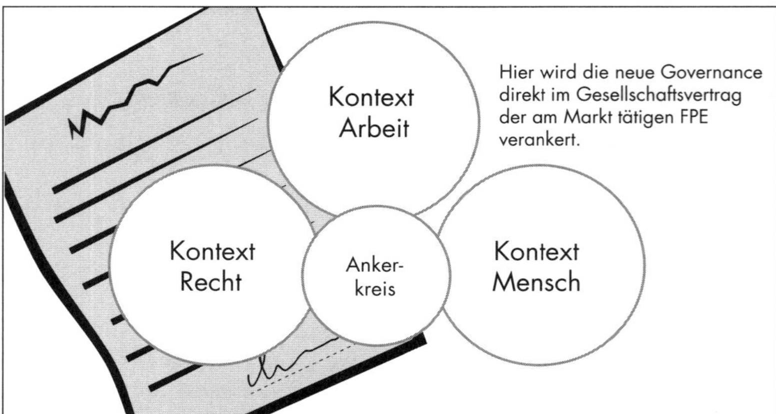

Abb. 20: Entkoppelung vom Einfluss des Eigentums im For-Purpose-Betriebssystem

Die Organverfassung im For-Purpose-Betriebssystem

Grundsätzlich gibt es nach dem Gesellschaftsrecht drei Funktionen, die von den Organen übernommen werden und über die die Eigentümer Einfluss ausüben können:

- die Führung des Unternehmens (Leitungsorgan),
- die Kontrolle der Unternehmensführung (Kontrollorgan)
- und die Vertretung der Gesellschafter und deren Interessen (Gesellschafterorgan).

Allerdings schreiben nicht alle Unternehmenstypen drei Organfunktionen vor. Auch die Regelungen zur Besetzung der Organe unterscheiden sich je nach Unternehmenstyp.

Ihre For-Purpose-Enterprise hat zwei Organe: eine Gesellschafterversammlung und ein besonders ausgestaltetes Organ, den Ankerkreis (bei encode.org heißen sie „Members' Meeting" und „Anchor"). Ein gesondertes Kontrollorgan (wie ein Aufsichtsrat) ist nicht vorgesehen. Das Verhältnis des Ankerkreises (Leitungs- und Kontrollorgan) zum Gesellschafterorgan ist klar geregelt: Anders als zum Beispiel bei der deutschen GmbH ist der Ankerkreis das oberste Organ. Die Gesellschafterversammlung hat lediglich die sogleich dargelegten Kompetenzen der Vertreterwahl und kann der Geschäftsleitung keine Weisungen erteilen.

Der Ankerkreis und die Leitung des Unternehmens

Alle **Leitungs- und Kontrollfunktionen** liegen in der For-Purpose-Enterprise originär in einem besonders ausgestalteten Organ, das in der Holacracy-Praxis den Namen Ankerkreis (Anchor Circle) trägt. Die gesamte Autorität des Unternehmens entspringt diesem Organ.[7] Durch das Leitungsorgan werden die drei Kontexte der For-Purpose-Enterprise – Arbeit, Recht, Mensch – fortlaufend verbunden und koordiniert. Dies geschieht in den Treffen, die von jedem Mitglied des Ankerkreises einberufen werden können. Der Ankerkreis hat eine breite Kompetenzpalette: Er ist die Heimat der Vertretungsbefugnis, der gewöhnlichen und außergewöhnlichen Geschäftsführungstätigkeiten, der (bloß) ausführenden Tätigkeiten sowie der Grundlagengeschäfte der For-Purpose-Enterprise. Typische Grundlagengeschäfte sind zum Beispiel die Änderung des Gesellschaftsvertrags, die Aufnahme neuer Gesellschafter oder die Feststellung des Jahresabschlusses. Tätigkeiten der außergewöhnlichen Geschäftsführung haben nach Art und Umfang Ausnahmecharakter für das Unternehmen. Grundlagengeschäfte und außergewöhnliche Tätigkeiten der Geschäftsführung bedürfen in konventionellen Unternehmen häufig der Zustimmung der Gesellschafterversammlung (und können nur in Grenzen an andere Organe übertragen werden). Im For-Purpose-Betriebssystem bedarf es dieser Zustimmung der Eigentümer nicht.

Kompetenzen des Ankerkreises:

- Grundlagengeschäfte
- Außergewöhnliche Geschäftsführungstätigkeiten
- Gewöhnliche Geschäftsführungstätigkeiten

Konkret bedeutet diese Aufgabenteilung, dass der Ankerkreis und nicht die Gesellschafterversammlung eine Anpassung des Sinns der For-Purpose-Enterprise beschließen kann. Im Leitungsorgan liegt auch die Verantwortlichkeit für Änderungen der Gesellschaftervereinbarungen oder für die Entwicklung des Vergütungssystems. Vom Ankerkreis kann auch eine übergreifende Unternehmensstrategie festgelegt werden, die sich auf alle drei Kontexte einer For-Purpose-Enterprise bezieht.

Auszug aus dem Operating Agreement von encode.org

„Kompetenzen des Ankerkreises

Der Ankerkreis verfügt über alle Rechte und Befugnisse, die im Allgemeinen im Zusammenhang mit der Führung und Kontrolle des Unternehmens notwendig oder zweckmäßig sind und die im Rahmen der Due Governance weiter delegiert werden können, einschließlich und ohne Einschränkung des Rechts, das Unternehmen zu veranlassen:

1. den Gegenstand des Unternehmens, diesen Vertrag, die Satzung und die Gemeinschaftsvereinbarung zu konkretisieren oder weiterzuentwickeln; (...)".

Der Gesellschaftsvertrag und die Regeln der Holacracy®-Verfassung legen in Ihrem Unternehmen fest, welche Geschäftstätigkeiten beim Ankerkreis verbleiben müssen (zumeist die Grundlagengeschäfte) und welche von weiteren Kreisen und deren Rollen erledigt werden können. Das System der Selbstorganisation delegiert Aufgaben vom Ankerkreis an weitere Kreise und Rollen und verteilt so die Autorität in Ihrem Unternehmen. In dieser modernen Art der Kompetenzverteilung liegt der wesentliche Unterschied zu der Delegation aus der Managementlehre von einer Chefin zum Angestellten.

Die Gesellschafterversammlung im Gefüge der For-Purpose-Enterprise

Zunächst klingt es noch vertraut. In einer For-Purpose-Enterprise sind die Gesellschafterinnen und Gesellschafter im **Members' Meeting** (Gesellschafterversammlung) vertreten. Die Veränderungen beginnen mit Blick auf die Kompetenzverteilung, die Stimmrechte und die Beschlussfassung:

- Kompetenzverteilung: Der Gesellschaftsvertrag sieht vor, dass die Gesellschafterversammlung (gleich welche Rechtsform Sie wählen) nur die Zuständigkeit hat, nach den Regeln der Holacracy®-Verfassung Vertretungspersonen in den Ankerkreis (das Leitungsorgan) zu wählen, die dort bestimmte Rollen übernehmen, sog. Cross Links. Diese Vertretungspersonen sind zum einen für die drei Anteilsarten vorgesehen (C-Units, D-Units, A-Units). Außerdem wird eine Vertretung für den Kontext Mensch in den Ankerkreis entsandt. Die gewählten Personen, genauer gesagt die Rollen, sind obligatorische Mitglieder des Ankerkreises und beteiligen sich dort an Beschlüssen nach den Regeln der Holacracy®-Verfassung im Namen aller Anteilseigner der jeweiligen Anteilsart bzw. im Namen aller Mitglieder. Die Gesellschafterversammlung hat keine weiteren Kompetenzen und kann dem Ankerkreis keine Weisungen erteilen. In Ihrem For-Purpose-Unternehmen legen Sie bewusst einen Vorrang des Leitungsorgans fest, das nach den Regeln der Holacracy-Praxis für die Verteilung der Autorität und die Entfaltung des Sinns zuständig ist.
- Stimmrechte: Selbst als Mehrheitsaktionärin haben Sie nicht mehr Stimmrechte in der Gesellschaftsversammlung als Ihre Kollegin, die nur ein Prozent am Vermögen hält. Jedes Mitglied hat bei einer Wahl eine Stimme. Die Regel *one share one vote* gilt im For-Purpose-Betriebssystem nicht. Sie stimmen zudem nur bei der Anteilsart mit, die Sie als Gesellschafterin selbst halten (C-Units, D-Units, A-Units). Ein Stimmrecht für die reinen „Arbeitsgesellschafter", die allein Gewinnanteile halten (P-Units) ist jedenfalls bei encode.org derzeit nicht vorgesehen.

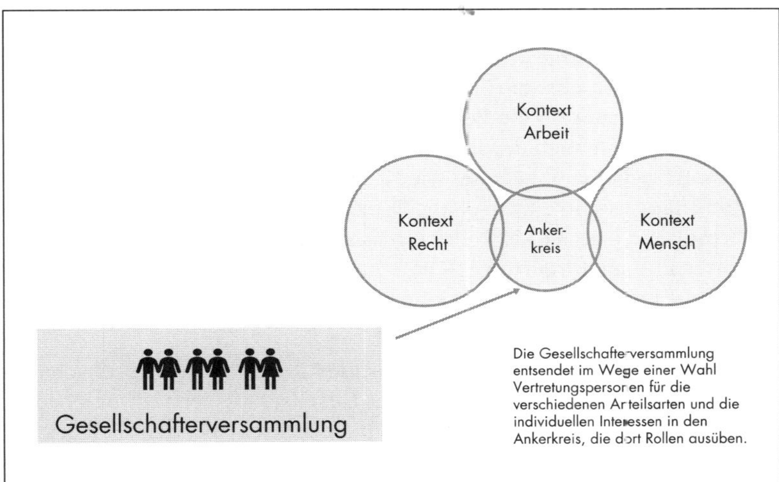

Abb. 21: Wahl der Vertretungspersonen in den Ankerkreis

- Beschlussfassung: Die Wahl der Vertretungspersonen in den Ankerkreis erfolgt nach den Regeln der Holacracy-Praxis. Zur Wahl wenden Sie das *Integrative Wahlverfahren* an (vgl. dazu Kapitel 3, Seite 78).

> Anstatt grundlegende Beschlüsse in der Gesellschafterversammlung zu treffen, wie Sie es aus konventionellen Gesellschaftsverträgen kennen, wird die Beschlussfassung im Unternehmen über die Vertretungspersonen aus dem Gesellschafterkreis in das Leitungsorgan „verlegt". Die Organverfassung eines For-Purpose Unternehmens unterscheidet sich damit in ihrer Ausgestaltung wesentlich von konventionellen Unternehmen.

» Mitgliedschaft im Ankerkreis

Die Mitglieder des Ankerkreises stammen aus dem Gesellschafterkreis (so zum Beispiel die oben genannten Cross Links) oder von außerhalb des Unternehmens (hier kann besondere Expertise in das Unternehmen geholt werden). Nach dem Ansatz der Selbstorganisation resultiert eine Mitgliedschaft im Leitungsorgan aus der Übernahme einer Rolle und ist nicht an eine Person oder den Status im Unternehmen gebunden.

Die nach dem Gesellschaftsvertrag obligatorischen Mitglieder des Ankerkreises von encode.org werden im Wege einer Wahl der Gesellschafter im *Members' Meeting* (Gesellschafterorgan) bestimmt (siehe oben), die übrigen Mitglieder in einer Wahl im Governance Meeting des Ankerkreise. Jede Wahl richtet sich nach den Regeln des Integrativen Wahlverfahrens, das ich in Kapitel 3 vorgestellt habe. Die Stellung eines Mitglieds im obersten Organ hat nichts damit zu tun, ob es im Unternehmen zu den Top-Führungskräften gehört oder administrative Tätigkeiten ausübt. Sie sagt nichts darüber aus, ob jemand das Unternehmen (mit-) gegründet hat oder ob die Person gerade erst dazu gekommen ist. Eine Mitgliedschaft ist auch davon unabhängig, welches Geschlecht und welche Hautfarbe jemand hat oder wie alt sie sind. Die Mitgliedschaft im Ankerkreis hängt allein daran, ob die Person die Kompetenzen für die Rolle mitbringt und dass sie als Rolleninhaberin den Sinn des Unternehmens mit ihrer Energie fördert. Auch hieraus wird deutlich, dass die Macht in einer For-Purpose-Enterprise anders verteilt wird, als in konventionellen Unternehmen (vgl. Prinzip 4).

Die Anzahl der Organmitglieder bzw. der Rollen ist im Gesellschaftsvertrag nicht nach oben begrenzt. Der Gesellschaftsvertrag von encode.org legt lediglich fest, welche Rollen im Ankerkreis in jedem Fall besetzt sein müssen (die obligatorischen Mitglieder). Solange dem Sinn des Unternehmens Rechnung getragen wird, kann (nach den Regeln der Selbstorganisation) die Anzahl der im obersten Organ beheimateten

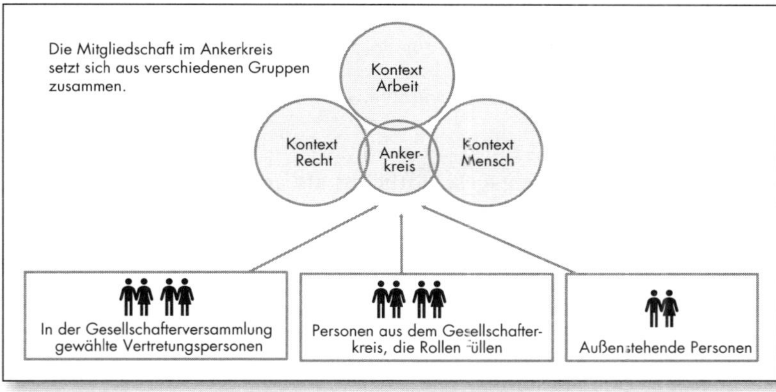

Abb. 22: Die Mitgliedschaft im Ankerkreis

Rollen in den Governance Meetings erhöht oder verringert werden – wie es der Sinn des Unternehmens erfordert.

Rollen im Ankerkreis von encode.org

Obligatorische Rollen	Fakultative Rollen, Beispiele
Vertretung für die Interessen der drei Anteilsarten (C-Units, D-Units, A-Units)	Operating Agreement Keeper
Vertretung für die Individualinteressen und den Kontext Mensch	People Agreement Keeper
sowie: Facilitator und Secretary nach der Holacracy-Praxis	Earnings Plan Design

» Geschäftsführung und Vertretungsmacht

Als Mitglied des Ankerkreises sind Sie in der Geschäftsführung und haben Vertretungsmacht. Nach dem Recht der LLC Nevada, USA sind Sie Organ der Gesellschaft und haben damit die sogenannte organschaftliche Geschäftsführung und organschaftliche Vertretungsmacht (im Vergleich zu einer „bloß“ rechtsgeschäftlich erteilten Geschäftsführungs- bzw. Vertretungsbefugnis).

Die *Geschäftsführung* ist jede zur Förderung des Gesellschaftszwecks bestimmte, für die Gesellschaft vorgenommene gewöhnliche oder außergewöhnliche Tätigkeit im Innenverhältnis (Vgl. § 116 HGB).

Diese kann sowohl rechtsgeschäftlicher als auch rein faktischer bzw. realer Art sein (z. B. die Erbringung von Dienstleistungen).

Vertretungsmacht heißt, dass ich im Außenverhältnis rechtsgeschäftlich für das Unternehmen tätig werden kann, indem ich Willenserklärungen für das Unternehmen abgebe und empfange.

Alle Mitglieder des Ankerkreises von encode.org sind beim Office of Nevada Secretary of State registriert, sodass zum Beispiel Zustellungen rechtsförmig erfolgen können.

Der Gesellschaftsvertrag Ihres For-Purpose-Unternehmens richtet die Treuepflichten der Geschäftsführung am Sinn des Unternehmens aus und nicht an der Maximierung des Shareholder Value. Dies ist nur konsequent, da im For-Purpose-Betriebssystem der Purpose-Ansatz gilt (siehe Kapitel 2).

Auszug aus dem Operating Agreement von encode.org

F. Treuhänderische Pflichten; Guter Glaube. Die treuhänderischen Pflichten der Manager sind an den Sinn des Unternehmens gebunden. Alle treuhänderischen Pflichten, die ein Manager den Gesellschaftern gegenüber haben könnte, werden im größtmöglichen rechtlich zulässigem Umfang beschränkt und aufgehoben mit der Ausnahme, dass ein Manager in jeder Hinsicht die treuhänderischen Pflichten von Treu und Glauben und fairem Umgang gegenüber den Gesellschaftern hat.

» Kein Wettbewerbsverbot

In einem For-Purpose-Unternehmen gibt es kein Wettbewerbsverbot für Gesellschafterinnen und Gesellschafter, wie es Ihnen vielleicht aus anderen Gesellschaftsverträgen bekannt ist. Dahinter steht die Überzeugung, dass beide Seiten von weiteren Tätigkeiten im gleichen Geschäftsfeld profitieren und alle Spannungen mithilfe der Holacracy-Praxis besprochen und gelöst werden können.

Auszug aus dem Operating Agreement von encode.org

E. Eigene unternehmerische Tätigkeiten.

1. Sofern zwischen einem Manager und dem Unternehmen nichts anderes vereinbart ist, ist kein Manager verpflichtet, sich Vollzeit dem Geschäft des Unternehmens zu widmen, und jeder Manager kann sich jederzeit unabhängig oder mit anderen an anderen Unternehmen jeglicher Art beteiligen und in diesen arbeiten, und weder das Unternehmen noch ein Mitglied darf aufgrund dieser Vereinbarung ein Recht, einen Titel oder eine Beteiligung an einem solchen unabhängigen Unternehmen eines Managers haben. Darüber hinaus wird davon ausgegangen, dass die Manager externe berufliche Aktivitäten und Geschäftsvorhaben zur Unterstützung ihrer eigenen Unabhängigkeit, Autonomie und Entwicklung durchführen werden.
2. Soweit es das Gesetz von Nevada LLC und andere geltende Gesetze zulassen, verzichten das Unternehmen und die Gesellschafter hiermit auf alle Rechte, die sie gemäß der *corporate opportunity doctrine* oder anderen ähnlichen rechtlichen Grundsätzen oder Regeln haben.

» Der hohe Stellenwert der Kultur

In Ihrem Gesellschaftsvertrag machen Sie deutlich, dass das Miteinander und die Kultur in einer For-Purpose-Enterprise einen besonderen Stellenwert genießen. Sie heben hervor, dass die Mitglieder zum einen als Mitarbeitende (Kontext Arbeit) sowie als Investoren und Anteilseigner (Kontext Recht) interagieren und sich zum anderen im Kontext Mensch von Person zu Person begegnen. Um den Stellenwert der Kultur hervorzuheben, verpflichten sich alle Mitglieder mit Rollen, die gesonderte Gemeinschaftsvereinbarung zu unterzeichnen und anzuwenden.

Auszug aus dem Operating Agreement von encode.org

Artikel IV: Kultur

A. Beziehungen als Individuen. Die Mitglieder erkennen hiermit an, dass sie zusätzlich zu ihren Interaktionen als Mitglieder und als Manager der Gesellschaft auch eine davon zu differenzierende Beziehung von Mensch zu Mensch haben.
B. Gemeinschaftsvereinbarung. Darüber hinaus erklären sich die Mitglieder und Manager damit einverstanden, die Gemeinschaftsvereinbarung anzuwenden, die von Zeit zu Zeit durch Due Governance entwickelt und aktualisiert wird.

» Die Beendigung der Mitgliedschaft in der Gesellschaft

Abgeleitet aus dem Prinzip der dynamischen Steuerung und der Betonung der Autonomie aller Beteiligten schafft das For-Purpose-Betriebssystem allen Mitgliedern auch rechtlich flexible Möglichkeiten, in die Gesellschaft ein- und auszutreten bzw. die eigene aktive Mitarbeit zu beenden. Wie ich bereits erwähnt habe, können Sie sich als Gesellschafterin am Kapital beteiligen oder vereinbaren, dass Sie stattdessen Dienstleistungen für das Unternehmen erbringen und als Arbeitsgesellschafterin einsteigen (C-Units und P-Units).

Wenn Sie all Ihre bestehenden Rollen im Unternehmen niederlegen oder sie Ihnen nach den Regeln der Holacracy-Praxis von den jeweiligen Lead Links entzogen werden, hören Sie auf, P-Units zu halten, und beziehen keine Vergütung mehr. Sind die P-Units Ihre einzige Beteiligung am Unternehmen (Sie sind also reiner „Arbeitsgesellschafter" und nicht am Vermögen beteiligt, siehe oben, Seite 96), scheiden Sie mit der Niederlegung der Rollen rechtlich aus der Gesellschaft aus. Der Gesellschaftsvertrag sieht hierfür eine Kündigungsfrist vor, und Sie erhalten bis zum Zeitpunkt des Ausscheidens Ihre anteilige Gewinn- bzw. Verlustbeteiligung (gemäß der von Ihnen gehaltenen P-Units). Da Sie keinen Anteil am Vermögen halten, ersparen sich alle Beteiligten in diesem Fall die schwierigen Fragen der Bewertung einer Kapitalbeteiligung im Exit-Fall, die bei einem Verkauf von C-Units zu regeln und zu lösen ist.

» Dynamische Steuerung der Rechtsgrundlagen

Im For-Purpose-Betriebssystem steuern Sie Ihr Unternehmen mittels der Holacracy-Praxis dynamisch am Sinn, wie Sie in den vorangegangenen Kapiteln gelesen haben. Und genau diese dynamische Steuerung gilt nun auch für Ihren Gesellschaftsvertrag. Der Vertrag wird von einer dafür zuständigen Rolle des Ankerkreises überarbeitet (bei encode.org heißt sie *Operating Agreement Keeper*) und dann im Ankerkreis nach den Regeln der Holacracy-Praxis beschlossen. Die Überarbeitung des Gesellschaftsvertrages ist eine sogenannte Schlüsselentscheidung (*key decision*), die ein bestimmtes Quorum verlangt. Alle Mitglieder des Ankerkreises unterzeichnen die Änderungen bzw. den neuen Vertrag. Die weiteren Mitglieder des Unternehmens sind an diese Änderungen auch ohne Unterschrift unter den Vertrag gebunden. Spannungen können sie auf bekannte Weise im jeweiligen Kontext einbringen.

Als encode.org seinen eigenen Gesellschaftsvertrag im August 2018 überarbeitet hatte, erhielten alle Gesellschafter von der Rolle *Operating Agreement Keeper* per E-Mail die Information, dass sie nunmehr an die neuen Regeln gebunden seien. Das las sich so:

Auszug aus einer E-Mail (August 2018)

Hallo Mitglieder:

Operating Agreement Keeper informiert hier alle Mitglieder, dass encode.org llc im Wege der *Due Governance* sein Operating Agreement fortentwickelt hat (auf Version 2.0).

Alle derzeitigen Mitglieder sind an alle Bedingungen des neuen Operating Agreements gebunden. (…) Wenn ihr Fragen habt, könnt ihr diese gerne zum Specific Topic Meeting (STM) mitbringen oder mich direkt kontaktieren. Natürlich stehen allen Mitgliedern jederzeit alle Wege zur Verarbeitung von Spannungen offen.

Eurer (Name)

Rechtsformen in den USA und Europa – work in progress

» USA

Encode.org hat als Pionierunternehmen die genannten Veränderungen mithilfe einer Rechtsanwältin im Jahr 2015 in eine US-amerikanische LLC nach dem Recht von Nevada überführt. Die LLC hat den Vorteil der Haftungsbeschränkung und der großen Freiheit in der inneren Organisation der Gesellschaft. Insgesamt können Sie nach dem Recht der LLC im Bundesstaat Nevada die vier Prinzipien und die zentralen Veränderungen in den Gesellschaftsverträgen umsetzen. Das über 60 Seiten zählende Operating Agreement von encode.org lag 2019 bereits in der zweiten Version vor. Mit dem nächsten Update auf Version 3.0 wird encode.org voraussichtlich von einer manager-managed zu einer member-managed LLC wechseln.[8] Das For-Purpose-Unternehmen *evolution at work* hat sich ebenfalls als LLC nach dem Recht von Nevada gegründet.

„It's safe enough to try!", sind die Gesellschafterinnen und Gesellschafter beider Unternehmen überzeugt.

» Deutschland

Welche deutsche Rechtsform eignet sich für ein For-Purpose-Enterprise, das erwerbswirtschaftlich ausgerichtet ist?[9] Im For-Purpose-Betriebssystem zählen die Mitarbeit der Gesellschafterinnen und Gesellschafter und die Kultur in hohem Maße. Dazu passt die Personengesellschaft gut. Wollen Sie eine Haftungsbeschränkung auf das Vermögen der Gesellschaft festlegen, brauchen Sie eine Kapitalgesellschaft oder eine gute Mischung beider Grundtypen. Diese Mischung können Sie zum Beispiel mit einer GmbH & Co. KG erreichen (hier verbinden Sie die Kommanditgesellschaft als Personengesellschaft mit Elementen einer Kapitalgesellschaft) oder Sie gestalten eine Kapitalgesellschaft mit Bezügen einer Personengesellschaft aus (zum Beispiel eine GmbH oder eine Genossenschaft).

Eine deutsche **Genossenschaft** scheidet meiner Meinung nach für eine For-Purpose-Enterprise aus. Sie bietet zwar eine Haftungsbegrenzung auf das Vermögen der Genossenschaft und der gesetzlich vorgesehene Zweck passt für eine wirtschaftlich ausgerichtete For-Purpose-Enterprise:

§ 1 Genossenschaftsgesetz

(...) deren Zweck darauf gerichtet ist, den Erwerb oder die Wirtschaft ihrer Mitglieder oder deren soziale oder kulturelle Belange durch gemeinschaftlichen Geschäftsbetrieb zu fördern (Genossenschaften).

Gegen die Rechtsform der Genossenschaft (und auch andere Kapitalgesellschaften wie zum Beispiel die Aktiengesellschaft) spricht, dass die Mitglieder ihre Einlage nicht in Form von Dienstleistungen erbringen können. Das geht nur in Personengesellschaften. Das bedeutet, dass Sie in einer Genossenschaft nicht mit dem Konzept der P-Units operieren können. Zudem verlangt die Genossenschaft einen mehrköpfigen Aufsichtsrat mit festgelegten Kompetenzen. In einer For-Purpose-Enterprise haben Sie jedoch kein Kontrollorgan. Auch die dynamische Steuerung der Kapitalanteile in der Bootstrapping-Phase des Unternehmens (A-Units) scheint mir in einer Genossenschaft nicht umsetzbar zu sein. Darüber hinaus müssen Sie den Gegenstand der Genossenschaft im Gesellschaftsvertrag festlegen und dürfen ihn nicht der dynamischen Steuerung überlassen (§ 6 GenG).

Die Idee einer **Vereins-GmbH** geht auf Bernd Oestereich zurück.[10] Bei der Vereins-GmbH gründet ein eingetragener Idealverein (§ 21 BGB) ohne Gemeinnützigkeitsanspruch als Alleingesellschafter eine GmbH. Alle Vereinsmitglieder werden in die Geschäftsführung der GmbH berufen. Bei dieser Konstruktion haften der Verein und die GmbH nach außen und nicht die Vereinsmitglieder.

Als Rechtsform für eine For-Purpose-Enterprise eignet sich diese Konstruktion jedoch ebenfalls nicht. Weder in der GmbH, noch im Verein können Sie die neue Governance mit den zentralen Veränderungen unterbringen. So kann die Gesellschafterversammlung in der GmbH der Geschäftsführung Weisungen erteilen, Sie müssen den Gegenstand des Unternehmens festlegen (§ 3 GmbHG), das Recht zu Satzungsänderungen muss bei der Gesellschafterversammlung verbleiben und kann nicht auf den Ankerkreis übertragen werden und Gesellschafter können als Einlage nicht allein Dienstleistungen erbringen. Beim Verein muss die Mitgliederversammlung laut Gesetz den Vorstand wählen, während im For-Purpose-Betriebssystem die Rollen im Ankerkreis („Vorstand“)

und in weiteren Kreisen nach den Regeln der Holacracy-Praxis vergeben werden.

Im Ergebnis kommt in Deutschland eine **GmbH & Co. KG** als Rechtsform am ehesten in Betracht, um die zentralen Veränderungen umzusetzen. Dadurch können Sie die Flexibilität der Kommanditgesellschaft (KG) als Personengesellschaft mit der Haftungsbeschränkung der GmbH kombinieren.

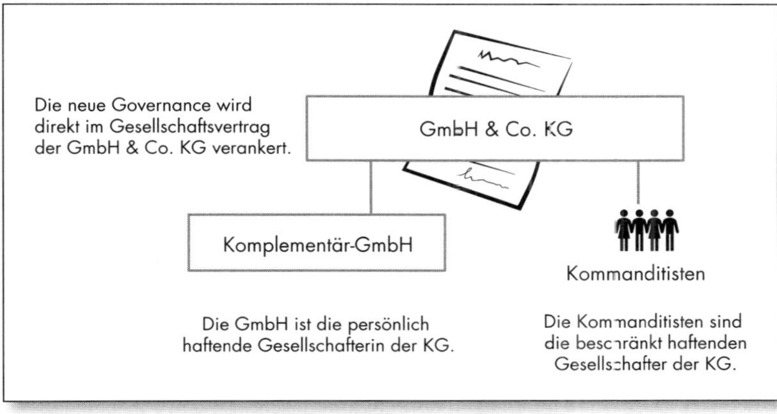

Abb. 23: Die GmbH & Co. KG

Im Gesellschaftsvertrag der KG können Sie den Großteil der zentralen Veränderungen unterbringen (siehe den folgende Kasten). Die GmbH dient vor allem als Haftungsvehikel und wird recht klassisch aufgestellt. Über eine Beitrittsvereinbarung zur GmbH & Co. KG ermöglichen Sie den Mitgliedern, sich „nur" am Gewinn und Verlust und nicht am Vermögen der Gesellschaft zu beteiligen und dadurch als „Arbeitsgesellschafter" ohne Kapitalbeteiligung mitzuarbeiten. Das erleichtert auch das Ausscheiden (ohne Wertberechnung des Kapitalanteils). Der Preis der Konstruktion ist, dass Sie zwei Gesellschaften gründen und buchhalterisch führen müssen. Außerdem müssen Sie sich mit der Sozialversicherungspflicht der mitarbeitenden Gesellschafter in der GmbH & Co. KG auseinandersetzen. Für die Beantwortung dieser Frage können Sie nicht auf die Rechtsprechung des Bundessozial- und Bundesarbeitsgerichts zum mitarbeitenden Gesellschafter in der GmbH zurückgreifen, da wesentliche Unterschiede zwischen GmbH und KG bestehen.[11] Sie können daher das Feld neu bestellen und argumentieren, dass die Kommanditisten persönlich haften, an Gewinn und Verlust beteiligt sind, ein Recht haben, gemäß der Holacracy-Praxis Einwände zu erheben und ihre Mitsprache-, Kontroll- und Informationsrechte auszuüben. Oder Sie können die Sozialversicherungsbeiträge zahlen und erreichen dennoch, dass die Mitglieder als Gesellschafterinnen und nicht im Rahmen eines Arbeitsverhältnisses (Weisungsgebundenheit) mitarbeiten.

Gesellschaftsvertrag der GmbH & Co. KG – Eckdaten

1. Der inhaltliche Zweck der Kommanditgesellschaft (KG) ist auf den Betrieb eines Handelsgewerbes gerichtet. Die GmbH & Co. KG kann nicht von freien Berufen (z. B. Ärzte, Zahnärzte, Rechtsanwälte oder Architekten) und nicht in der Land- und Forstwirtschaft genutzt werden.
2. Den Gegenstand des Unternehmens fassen Sie so weit wie möglich, um ihn für die dynamische Steuerung offen zu halten.
3. Die Holacracy-Praxis wird als Verfahrensordnung festgelegt.
4. Sie können Kommanditisten in die GmbH & Co. KG aufnehmen, die nicht am Vermögen, sondern nur am Gewinn und Verlust beteiligt sind. Ihre Pflichteinlage erbringen sie durch die Leistung von Diensten und erhalten eine Vergütung als Gewinnbeteiligung (Arbeitsgesellschafter mit P-Units). Ihre Haftsumme in Geld legen Sie im Gesellschaftsvertrag fest (z. B. 500 Euro).
5. Die organschaftliche Vertretung liegt bei der GmbH, die organschaftliche Geschäftsführung bei den Kommanditisten (viele von Ihnen sind reine Arbeitsgesellschafter). Die Kommanditisten erhalten rechtsgeschäftliche Vertretungsbefugnis im Rahmen der übernommenen Rollen.
6. Bei der Gesellschafterversammlung liegt das Recht, die Vertretungspersonen einer Anteilsart im Ankerkreis zu wählen. Nur, wo es gesetzlich zwingend vorgeschrieben ist, verbleiben weitere Kompetenzen bei ihr. Alle anderen Kompetenzen (Grundlagengeschäfte, gewöhnliche und außergewöhnliche Geschäftsführungstätigkeiten) liegen beim Ankerkreis, der die Autorität im Unternehmen weiter an Kreise und Rollen verteilt.
7. In der Gesellschafterversammlung hat jedes Mitglied eine Stimme (die Höhe der Anteile spielt dafür keine Rolle).
8. Die Gesellschafterinnen und Gesellschafter unterliegen keinem Wettbewerbsverbot für eigene unternehmerische Tätigkeiten. Sollten sie im Einzelfall mit dem Gesellschaftszweck in Wettbewerb stehen, dann suchen alle Beteiligten nach den Regeln der Holacracy-Praxis nach einer tragfähigen Lösung.

» Österreich, Schweiz, Niederlande

Die österreichische Organisationsberatung *dwarfs and Giants* in Wien wählte eine GmbH & Co. KG, um die zentralen Veränderungen in weiten Teilen umzusetzen. In der Schweiz kommt eine Genossenschaft in Betracht. Sie ist flexibler als die deutsche Schwester und eignet sich daher besser, die neue rechtliche Governance aufzunehmen. Das Schweizer Start-up Xpreneurs geht hier erste Schritte. Für die Niederlande können Sie über die BV (niederländische Gesellschaft mit beschränkter Haftung) nachdenken. Für sie sprechen die steuerliche Behandlung und die große Anerkennung in den Niederlanden. Sie ist allerdings weniger flexibel als die US-amerikanische LLC in Bezug auf die freie Gestaltung der internen Organisation.

» Die Reise geht weiter, machen Sie mit!

Wollen Sie in den Vereinigten Staaten von Amerika eine For-Purpose-Enterprise gründen, stehen Ihnen die LLC als Rechtsform und demnächst die dritte Version des Operating Agreements von encode.org zur Verfügung. Zum Zeitpunkt der Abgabe des Manuskripts erarbeiten die Anwältinnen und Anwälte aus dem Netzwerk von encode.org den Prototypen des Gesellschaftsvertrages einer deutschen sowie österreichischen GmbH & Co KG, einer Schweizer Genossenschaft, und einer niederländischen BV. Weitere Gespräche führen wir mit Anwältinnen und Anwälten aus aller Welt.

Als Mitglied der globalen PowerShift Community von encode.org (https://encode.hivebrite.com/) können Sie die Verträge von encode.org einsehen und helfen, die zentralen Veränderungen in Ihr nationales Recht umzusetzen. Seien Sie dabei!

Kapitel 5
Menschen und Miteinander – for purpose

Der Kontext Mensch und seine Struktur

Im For-Purpose-Betriebssystem differenzieren Sie Arbeit und Mensch (Prinzip 3), was sich auch in der Struktur des Unternehmens mit seinen drei Kontexten niederschlägt (siehe die folgende Abbildung 24). Die Differenzierung dient im Kontext Arbeit der operativen Effizienz, damit keine Individualinteressen das Unternehmen bremsen. Im Kontext Mensch gewährleistet sie die volle Aufmerksamkeit für die Menschen und ihre Themen. Franziska Fink und Michael Moeller sehen die „Betonung von Sinn und Zweck als führende Entscheidungsprämisse" für sinngeleitete Organisationen an und nennen dabei „die Aufwertung von Personen ein wesentliches Merkmal" dieser Organisationen.[1]

Der *Kontext Mensch* vereint verschiedene Bereiche, die in seiner Struktur verankert sind:

1. Er ist die Heimat des Miteinanders und der Kultur: Hier geben die Menschen den Ton an – in all ihrer Unterschiedlichkeit, ihren Gefüh-

len, individuellen Bedürfnissen, Wünschen und Gruppenprozessen. Jedes Mitglied ist mit seinem persönlichen Sinn im Kontext Mensch repräsentiert. Doch aufgepasst: Kein Mensch ist formal Teil des Unternehmens bzw. des Kontexts Mensch, denn in einer For-Purpose-Enterprise gehören die Menschen sich selbst und nicht dem Unternehmen. „They are partners, not parts", sagt Ken Wilber.[2] Dies ist Ausdruck der Luhmannschen System-/Umwelttrennung (Kapitel 1) und des starken Bekenntnisses zu Autonomie.

2. Im Kontext Mensch ist auch die fachliche und persönliche Weiterentwicklung verortet. Das For-Purpose-Betriebssystem organisiert sie über sogenannte Gilden („Guilds") und spezielle Interessengruppen („Special Interest Groups").
3. Der Kreis *People Operations* im Kontext Mensch ist für die ganzheitlichen operativen Mitgliedschaftsprozesse zuständig, das heißt für alle Aufgaben im Zusammenhang mit der Gestaltung der Gemeinschaft und der Zusammenarbeit.
4. Zwei Rollen aus dem Kontext Mensch sind Mitglieder des Ankerkreises und stellen die Koordination zwischen den drei Kontexten sicher. Es sind sog. Cross Links, Rollen, die nach der Holacracy-Praxis eine Verbindung zwischen zwei Bereichen herstellen. Eine der Rollen bringt die Anliegen ganzheitlicher Mitgliedschaftsprozesse ein und heißt bei eincode.org *Cross Link: Operations to Enterprise Anchor Circle.* Die andere Rolle vertritt die Themen der Mitglieder als solche (bei eincode.org heißt sie *Cross Link: People Context*).

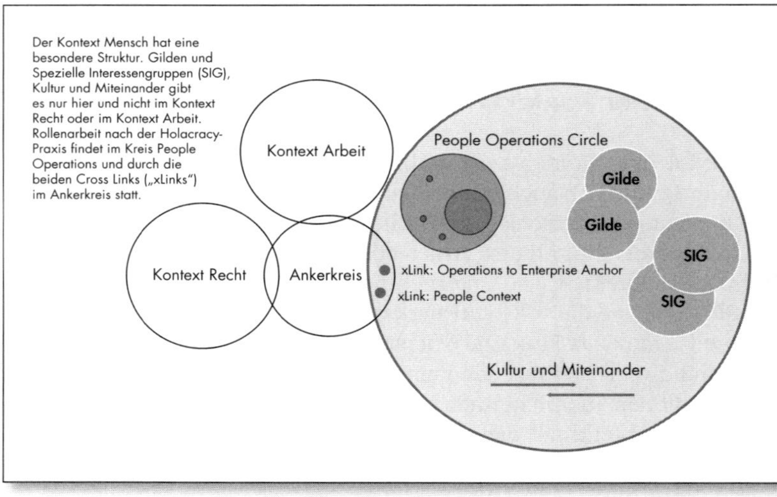

Abb. 24: Die besondere Struktur des Kontexts Mensch (Beispiel encode.org)

Der Kontext *Mensch* hat einen eigenen Sinn, der dem übergeordneten Sinn des Unternehmens dient, ebenso wie sich die Gilden und Interessengruppen und die operativen Mitgliedschaftsprozesse am Sinn des Kontexts ausrichten. Auch hier sehen Sie, wie der Sinn „in Schichten" im Unternehmen präsent ist.

Die Anwendung der Holacracy-Praxis im Kontext Mensch

Was auf den ersten Blick ein Widerspruch zu sein scheint, macht doch auf den zweiten Blick Sinn: Der Kreis People Operations mit der Zuständigkeit für die ganzheitlichen Prozesse der Mitgliedschaft ist nach der Holacracy-Praxis organisiert, obwohl er ein Teil des Kontext Mensch ist. Denn hier geht es um die Brücke zwischen Arbeit und Menschen, es geht um alle operativen Fragen und Aufgaben mit Bezug zu den Menschen und der Zusammenarbeit. Bei encode.org sprechen wir von „work" im Kontext Mensch.

Getrennt vom Kreis People Operations findet die fachliche und persönliche Weiterentwicklung statt. Sie wird in den Gilden und speziellen Interessengruppen organisiert. Hier und im Miteinander wenden Sie die Holacracy-Praxis nicht an, denn hier geht es – endlich – um die Menschen, ihre Gefühle, Interessen, ihren Sinn und das Miteinander. In diesem Bereichen leben sie „soul" und nicht „role".

» Die Gemeinschaftsvereinbarung zum Kontext Mensch

Eine von den Gesellschafterinnen und Gesellschaftern der For-Purpose-Enterprise unterschriebene Gemeinschaftsvereinbarung („People Agreement") legt die eben geschilderte Struktur des Kontexts Mensch fest. Außerdem führt sie die besonderen Werte, Normen und Verhaltensweisen im Miteinander auf (wie zum Beispiel Feedback und Konfliktlösung). Bei encode.org hat eine Rolle des Ankerkreises die Gemeinschaftsvereinbarung entworfen. Anfangs hatte encode.org keine Regelungen für den Fall, dass ein Mitglied die Vereinbarung nicht unterschreibt. In der dritten Version des Operating Agreement von encode.org soll festgehalten werden, dass alle Mitglieder mit operativen Verantwortlichkeiten (Rollen) die Vereinbarung als erforderliche Bedingung des Beitritts zum Unternehmen unterzeichnen müssen. Künftig soll auch die Struktur des Kontexts Mensch bereits in den Gesellschaftsverträgen und nicht in der separaten Gemeinschaftsvereinbarung festgelegt werden. Diese Vereinbarung bleibt dann den Werten und spezifischen Regelungen zum gegenseitigen Umgang vorbehalten. Als Mitglied der PowerShift Community können Sie auch diese Vereinbarung von encode.org einsehen.[3]

Die Meetups von encode.org

Encode.org ist ein virtuelles Unternehmen mit Firmensitz in Nevada, USA. Seine Mitglieder sind über die Welt verteilt, ein Großteil der Arbeitstreffen findet daher online statt. Gerade weil das Miteinander in einer For-Purpose-Enterprise so wichtig ist, treffen sich alle Gesellschafterinnen und Gesellschafter von encode.org viermal im Jahr für zehn Tage persönlich – jede bleibt, solange sie oder er es einrichten kann. Zwei Treffen sind in Amerika, zwei in Europa.

„We are identities in motion, searching for the relationships that will evoke more from us."
Margaret Wheatley, A simpler way

Für diese Treffen gibt es immer ein sogenanntes „Headquarter", meistens eine auf airbnb gemietete Wohnung, wo die Sitzungen stattfinden und gemeinsam gekocht wird. Zwei Rollen, *Meetup Programmer* und *Meetup Host*, sind für die Logistik vor und während der Treffen zuständig. Meist wird mindestens ein Tag für einen gemeinsamen Ausflug reserviert. Ansonsten nutzen wir die Zeit für Arbeitstreffen und Co-Working. Die Rolle *Meetup Programmer* achtet darauf, dass die Sitzungen auch aus anderen Zeitzonen online verfolgt werden können. Encode.org hat sich seit Dezember 2015 bereits dreizehn Mal getroffen:

Die Meetups von encode.org seit Gründung

1. Dezember 2015: Irvine, USA
2. März 2016: Budapest, Ungarn
3. Juni 2016: Boulder, USA
4. Oktober 2016: Amsterdam, Niederlande
5. April 2017: Rhodos, Griechenland
6. Juli 2017: Lake Arrowhead, USA
7. Oktober 2017: Valencia, Spanien
8. Januar 2018: Tampa, USA
9. April 2018: Dubrovnik, Kroatien
10. Juli 2018: Vancouver, Kanada
11. Oktober 2018: Valetta, Malta
12. Januar 2019: Langley on Whidbey Island, USA
13. Juni 2019: Prag, Tschechische Republik

Eine starke Unternehmenskultur für den Sinn

In vielen Unternehmen wird die Kultur als das weiche Zeug abgetan und ihr Einfluss auf Erfolg oder Misserfolg unterschätzt. Was stattdessen zähle, seien harte Kennzahlen, meinen viele Führungskräfte. Demgegenüber steht der bekannte Satz „Culture eats strategy for breakfast". Er wird Peter Drucker zugeschrieben, ohne dass er in einem seiner 35 Bücher auftaucht. Drucker war der festen Überzeugung, dass eine Unternehmenskultur jeden Versuch vereitelt, eine Strategie umzusetzen, wenn diese nicht mit der Kultur vereinbar ist. Die Kultur ist stärker.

In einer For-Purpose-Enterprise wissen Sie um die Bedeutung von Kultur für den Erfolg des Unternehmens. Alle Mitglieder achten darauf, dass die Kultur ein dynamischer Ausdruck der vier Prinzipien ist (Kapitel 1). In einer For-Purpose-Enterprise könnte der Satz von Peter Drucker abgewandelt so lauten: „Culture and strategy have breakfast together and plan the next step towards purpose".

Wie können Sie in Ihrem Unternehmen eine Kultur fördern, die im Einklang mit den vier Prinzipien steht? Frederic Laloux hat in Anlehnung an Ken Wilber ein Modell mit vier Quadranten entwickelt und dargelegt, dass sich individuelle Haltung (1), individuelles Verhalten (2), Unternehmenskultur (3) und Strukturen und Prozesse (4) im Unternehmen gegenseitig beeinflussen.[4] Das For-Purpose-Betriebssystem liefert Ihnen die notwendigen Strukturen und Prozesse, um die For-Purpose-Kultur zu stärken und zur Entfaltung zu bringen.

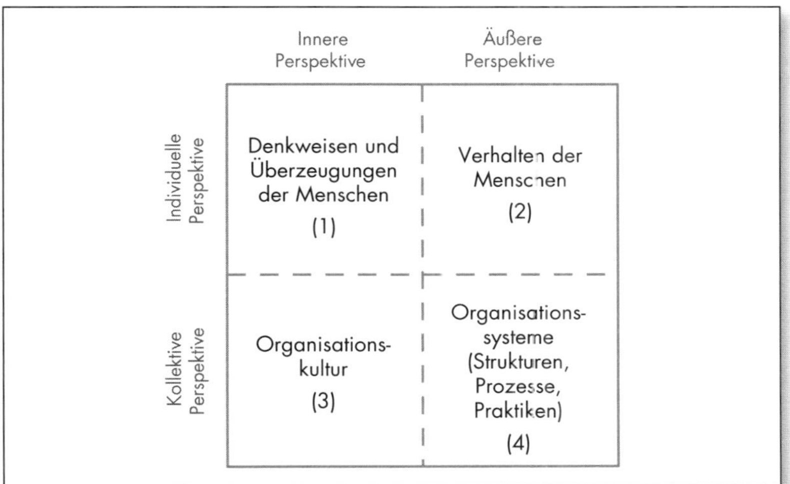

Abb. 25: Ken Wilbers Vier-Quadranten-Modell auf Organisationen angewendet (Quelle: Laloux, 2015, S. 227)

» Der Begriff der Kultur

Nach Frederic Laloux ist Kultur „wie die Arbeit getan wird, ohne dass die Beteiligten sich immer dessen bewusst sind.“[5] Kultur zeige sich zum Beispiel darin, wie die Büros dekoriert sind oder welche Witze sich die Menschen erzählen, so Laloux. Was bedeutet Kultur, wenn wir sie uns näher anschauen?

Der Kulturbegriff beschreibt eigentlich Merkmale von Volksgruppen, die historisch gewachsen sind. Seit den 1970er-Jahren sprechen wir auch innerhalb von Unternehmen von gemeinsamen Denkmustern, Wertesystemen, Normen und Verhaltensweisen.[6] Der US-amerikanische Organisationspsychologe Edgar Schein hat ein mir eingängiges Modell der Unternehmenskultur entwickelt, das zwischen drei Ebenen unterscheidet.[7]

1. Grundannahmen
2. kollektive Werte und Normen und
3. nach außen sichtbare Verhaltensweisen, Riten und Gebräuche („Artefakte“).

> Grundannahmen sind nicht sichtbar und lassen sich daher auch nur schwer vermitteln oder fördern. Sie umfassen das Menschen- und Weltbild der Mitglieder einer Organisation und die langfristigen Auffassungen über die Beziehung des Menschen zur Umwelt.

Die Grundannahmen in einer Organisation bilden sich über die Zeit unbewusst heraus und werden von den Mitgliedern als selbstverständlich vorausgesetzt. Obwohl sie unbewusst sind, üben Grundannahmen großen Einfluss auf das Verhalten im Unternehmen aus.[8]

> Werte beschreiben nach Schein abstrakte Auffassungen eines Individuums über das, was (nicht) wünschenswert ist. Sie beeinflussen das Verhalten auch unbewusst. Normen bezeichnen von außen gesetzte Erwartungen an unser Verhalten und beeinflussen uns ausschließlich bewusst.

Werte und Normen werden zum Gegenstand der Unternehmenskultur, wenn sie von der Mehrheit der Unternehmensmitglieder geteilt werden. Einzelne Personen können als Vorbilder dienen, an denen die Mitglieder der Organisation ihr Handeln ausrichten. Bloße Führungsleitlinien, die in idealisierender Form – teilweise unter Mitarbeit von Unternehmensberatungen – erarbeitet wurden, finden in Organisation in der Regel keine Akzeptanz und damit keinen Eingang in die Unternehmenskultur, wenn sie der bereits vorherrschenden Kultur widersprechen.

> Nach Schein gehören zu den Artefakten vor allem Sitten, Gebräuche und tägliche Umgangsformen. Zudem zählen dazu bestimmte Symbole des Miteinanders – wie die Art sich zu kleiden oder statusvermittelnde Büroeinrichtungen.

Die Artefakte gehören zwar – anders als die Grundannahmen oder Werte – zum sichtbaren Teil der Unternehmenskultur. Doch es gilt, ihre Botschaften und Verhaltenserwartungen für sich zu entschlüsseln – was nicht immer einfach ist.[9]

» Das Menschenbild und die Werte im For-Purpose-Betriebssystem

Im For-Purpose-Betriebssystem begegnen Sie Kolleginnen und Kollegen mit dem Menschenbild der „Theorie Y". Die vereinfachende und eingängige Motivationstheorie von Douglas McGregor unterscheidet folgendermaßen:

- Der **Theorie X** liegt das Menschenbild eines unselbstständigen Menschen zugrunde, der eigentlich faul ist und durch externe Anreize motiviert werden muss. Er ist von seinen Ängsten (z. B. vor Jobverlust) getrieben und vermeidet die Übernahme von Verantwortung. Manager mit diesem Menschenbild sehen sich aufgerufen, die Mitarbeitenden zu kontrollieren, damit diese überhaupt einen produktiven Beitrag für das Unternehmen leisten.
- Die **Theorie Y** baut auf der Vermutung auf, jeder Mensch leiste gerne, sei an der Übernahme von Verantwortung interessiert und intrinsisch motiviert. Nach diesem Verständnis muss ein Unternehmen nur das richtige Umfeld bieten, motiviert sind die Mitarbeitenden bereits selbst.

Die Annahmen, die Theorie X und Y zugrunde liegen, sind Teil eben jener unbewussten Grundannahmen, wie Schein sie beschreibt. In der Interaktion werden sie zu selbsterfüllenden Prophezeiungen. Oder wie Henry Ford es einmal (in Bezug auf Selbstsicherheit) ausdrückte:

» Whether you think you can or
whether you think you can't, you're right. «

Mit anderen Worten: Wenn Sie die Grundannahme haben, dass Menschen sich gemäß Theorie X verhalten, dann werden Sie sie entsprechend behandeln, was wiederum Verhalten in den Menschen befördert, das letztlich Ihre Grundannahmen bestätigt. Ebenso verhält es sich mit den entgegengesetzten Voranahmen. Wenn Sie das wissen und akzeptieren, dann können Sie sich bewusst fragen, welche Realität sie gemeinsam kreieren möchten.

Für Personen mit dem Menschenbild der Theorie X sind die Herausforderungen durch die vier Prinzipien des For-Purpose-Betriebssystems sehr groß. Wie sollte sich jemand auf die Sinnsuche begeben, der meint, Menschen seien nur extrinsisch motiviert? Wie könnte er oder sie eine neue Machtverteilung leben, getrieben von der ständigen Angst um Statusverlust? Wie sollte sie sich auf eine dynamische Steuerung einlassen, wo Angst nach Kontrolle ruft? In einer For-Purpose-Enterprise begegnen Sie Menschen, die in ihrem Leben erfahren haben, dass die wichtigsten Anliegen – Gesundheit, Verbundenheit, Glück oder Erfolg – sowieso nicht zu kontrollieren sind. Sie lassen die Kontrolle los – oder vielmehr die Illusion davon – und akzeptieren, dass die Welt nicht zu beherrschen ist, sondern nur auf Sicht gesteuert werden kann. Im Einklang mit alten Weisheitstraditionen eint diese Menschen die Fähigkeit, der „Fülle des Lebens zu vertrauen".[10] Sie sind in der Lage, sich selbst zu führen und beabsichtigen, ihr Potenzial zu entfalten. Sie streben nach Sinn und haben erlebt, dass sich die größte Zufriedenheit im Leben nicht durch materielle, externale Dinge einstellt.

Im Miteinander eines For-Purpose Unternehmens zählen diese Werte:

- **Der Sinn geht vor (Purpose first):** Sie arbeiten und leben sinngeleitet, sie streben nach einer spirituellen Verbindung, sie schauen achtsam auf das Leben, sie suchen nach Selbstverwirklichung und Selbsttranszendenz.
- **Einfluss in der Welt nehmen (Global impact):** Als (Sozial-) Unternehmerin und Unternehmer möchten Sie einen Unterschied in der Welt machen. Sie wollen Ihren Lebensunterhalt mit sinnvoller Tätigkeit verdienen.
- **Kontinuierliches Wachstum (Continuous growth):** Sie streben nach Bildung, Lernen und persönlichem Wachstum und sind offen für Feedback und Selbstreflexion.
- **Auf Freiheit ausgerichtet (Freedom focused):** Ihnen sind Autonomie, Freiheit, Unabhängigkeit und Selbstfürsorge wichtig. Sie lassen konventionelle Macht und Kontrolle los – auch die einer Eigentümerin des Unternehmens – und vertrauen auf die Regeln der Selbstorganisation.
- **Reaktionsschnell (Responsive):** Sie agieren dynamisch und sind anpassungsfähig.
- **Diversität (Inclusiveness and diversity):** Sie begrüßen die Unterschiedlichkeit der Menschen als Wert an sich und nicht nur hinsichtlich der gegebenen Vorteile von größerer Resilienz und Kreativität des Unternehmens.

Auch Gründer und Gründerinnen genießen in einer For-Purpose-Enterprise keinerlei Privilegien. Dennoch gibt es Persönlichkeiten, die als Individuum größeren Einfluss auf die kollektiven Werte und Normen ausüben als andere. Zu diesen zählt ohne Frage Thomas Thomison, einer der Gründer von encode.org und von HolacracyOne©. Wenn er spricht, hören alle zu. Was er vorschlägt, hat Gewicht. Seine Werte strahlen in das

Unternehmen encode.org aus. Gleichheit in den Rechten zur Beeinflussung der Organisation (nach der Holacracy®-Verfassung) bedeutet nämlich nicht, dass individuelle Kompetenzunterschiede nivelliert werden. Alle haben gleiche Rechte, doch sind nicht gleich. In jedem Individuum gibt es verschiedene Linien der Entwicklung und diese spiegeln sich in dem gewählten Rollenzuschnitt wider. Indem Sie abwechselnd selbst Rollen ausführen und anderen Rollen folgen, leben Sie Ihre Stärken und können auf die Stärken Ihrer Kolleginnen und Kollegen vertrauen. Es ist somit eine größere Passung zwischen natürlich entwickelter und in der Organisation verankerter Autorität möglich.

Das Menschenbild und die kollektiven Werte werden durch Normen und Verhaltensweisen („Artefakte") ergänzt und bilden so die Kultur einer For-Purpose-Enterprise. In den folgenden Abschnitten fokussiere ich auf drei ausgewählte Aspekte der Kultur (der individuelle Sinn, die Unterschiedlichkeit der Menschen und das Navigieren in Kontexten) und nenne weitere aus Platzgründen nur im Überblick.

» Auf dem Weg zum individuellen Sinn

Die Frage nach dem persönlichen Sinn oder der eigenen Berufung ist wahrscheinlich so alt, wie die Menschheit selbst, zuweilen spirituell oder religiös aufgeladen und schwierig zu beantworten. Im For-Purpose-Betriebssystem steht der individuelle Sinn für das „weitgehendste kreative Potenzial, das ein Mensch in der Welt ausdrücken kann, angesichts aller seiner Begrenzungen und Ressourcen".[11]

Abb. 26: Persönlicher Sinn

Tim Kelley, Autor von *True Purpose*, hat einen griffigen und praxistauglichen Ansatz entwickelt, wie Sie für sich Ihren persönlichen Sinn erschließen können. Er geht davon aus, dass etwas in uns den Sinn bereits kennt – unabhängig vom Verstand. Er nennt diesen Teil „innere Weisheit“ oder „Seele“, ohne damit religiöse Anleihen zu nehmen. Wenn es Ihnen gelingt, zu diesem Teil Kontakt aufzunehmen, erfahren Sie, was Ihr Sinn ist. Der österreichische Psychiater Viktor Frankl sagt: „Der Mensch will wissen, wozu er auf der Welt ist. Dies unterscheidet ihn vom Tier“.[12] So weit so gut. Doch ganz so simpel ist es nicht, denn ein Teil von uns steht diesen Fragen nicht so offen gegenüber.

Frederic Laloux schreibt in *Reinventing Organizations*, dass wir, wenn wir die Ängste unseres Egos überwinden, innerlich frei sind, die Fragen nach unserer Berufung zu stellen und zu erfahren, was uns wirklich wichtig ist. Auf dem Weg zum Sinn schlägt Tim Kelley vor, dass Sie zunächst mit Ihrem Selbst (er benutzt den Begriff Ego) in eine Verhandlung über die Bedingungen eintreten, unter denen Sie Ihren Sinn verfolgen dürfen. Dabei geht es dem ängstlichen Ego um die Zusicherung, dass Sie die eigenen essentiellen Bedürfnisse, wie Nahrung und Schlaf, materielle Grundsicherung, seelische Sicherheit, Familie, Gesundheit oder Zugehörigkeit, wahren (vgl. die Bedürfnispyramide nach Abraham Maslow[13]). Erst dann macht es den Weg für Sinnfragen frei. Vielleicht verhandeln Sie mit Ihrem Ego ein definiertes Mindesteinkommen, Zeit mit bestimmten Personen oder den Aufstieg in eine bestimmte Position. Die Verhandlung mit dem Ego ist ein sehr wichtiger, wiederkehrender Schritt. Ich zweifle, ob ich schon am Ende bin (gibt es eins?). Auch wenn die Vorstellungen meines Egos manchmal nerven oder stressen, so habe ich auch gelernt, meinem Ego dankbar zu sein. Es sorgt dafür, dass ich in der Gesellschaft anerkannt bin, dazugehöre oder mich diszipliniert zu anspruchsvollen Zielen durchbeiße. Das Ego beantwortet nur nicht die Fragen nach meinem Sinn.

Erst wenn Ihr Ego die angebotenen Bedingungen zum gegenwärtigen Zeitpunkt für ausreichend erklärt, wird es für die Stimme Platz machen, die Ihren Sinn kennt, so Kelley. Von da an kann es ganz schnell gehen. Tim Kelley schlägt vor, diese Stimme nach **vier Aspekten des Sinns** zu fragen und zu schauen, worauf Sie Antworten erhalten (wenn Ihnen das zu esoterisch erscheint, dann können Sie auch auf die indirekten Methoden zurückgreifen, die Tim Kelley in seinem Buch schildert – sie sind aber weniger wirkungsvoll. Dazu zählt eine schriftliche Methode, die Zeitpunkte in Ihrem Leben aufgreift, wo sie im Flow waren und die Sie anschließend auf wiederkehrende Muster hin untersuchen.).

- Der **erste Aspekt** ist die pure Seinsdimension. Welchen Sinn strahlen Sie aus, indem Sie einfach nur sind? Er nennt dies Essenz („essence“). Ein Coach könnte zum Beispiel erkennen: „Ich bin der Impuls für Veränderung.“

- Zum **zweiten** übt jede Sinnausübung eine transformierende Wirkung bei anderen aus – ob Sie sich dessen bewusst sind oder nicht („blessing"). Der Coach könnte sagen: „Dort wo Verunsicherung herrscht, bringe ich Klarheit über den nächsten Schritt."
- Was ist – **drittens** – Ihre Aufgabe im Leben? Was sollen Sie tun, auch wenn es nicht leicht ist („mission")? Vielleicht ist es für den Coach: „Ich bin für Menschen da, die am Rande der Gesellschaft stehen und biete ihnen Perspektiven für ein selbstbestimmtes Leben."
- **Viertens** können Sie Ihren Sinn als Botschaft an die Welt verstehen. Die Botschaft umfasst das Wissen, dass Ihnen vom Leben mitgegeben wurde und das Sie mit anderen teilen („message"). Sie kann selten in einen Satz gefasst werden und ist laut Kelley häufig der letzte Aspekt des Sinns, den Menschen für sich herausfinden.

Den Ansatz vom Tim Kelley habe ich bei Thomas Thomison in der *Purpose Guild* von encode.org kennengelernt (also bei der internen Weiterbildung). Dort bekam ich zum ersten Mal eine Ahnung davon, was mein Sinn ist. Ich verstand, dass Sinn nicht bedeutet, meine Passion zu verfolgen oder meine Bedürfnisse zu befriedigen (dafür sorgt das Ego). Sinn geht nach diesem Verständnis über mich als Person hinaus. So sagt der amerikanische Autor Daniel Pink (*Drive*), dass zutiefst motivierte Menschen die Erfüllung ihrer eigenen Bedürfnisse mit Motiven verknüpfen, die über die eigene Person hinausgehen.[14]

Im For-Purpose-Betriebssystem verfolgen Sie Ihren persönlichen Sinn und das Unternehmen seinen Sinn. Beide Seiten verknüpfen ihr Handeln mit Motiven, die über die Person bzw. das Unternehmen (Kapital, Umsatz, Gewinn, Reputation etc.) hinausgehen. So erreichen Sie **Gewinn durch Sinn**; beide Aspekte sind in einem Gleichgewicht, vielleicht mit einer kleinen Bevorzugung des Sinns ("bias towards purpose").

Sinnorientierung könnte man als Anti-hardcore-Kapitalismus interpretieren – und doch ist sie ganz klar unternehmerisch und keinesfalls inkompatibel mit Profitabilität (eher im Gegenteil, wenn man den langfristigen Aktienkurs von Unternehmen mit starker Purpose-Orientierung betrachtet).

» Der Pakt mit der Unterschiedlichkeit der Menschen

Individuelle Unterschiede zu akzeptieren ist im For-Purpose-Betriebssystem selbstverständlich – wenn auch im Ergebnis immer wieder hart erarbeitet, wie ich im Abschnitt zu Konfliktmanagement und Feedback einige Seiten weiter zeige. Alle versuchen fortlaufend, sich und andere (noch besser) zu verstehen, anstatt das Gegenüber abzuwerten oder zu verurteilen. Wer in einer For-Purpose-Enterprise mitarbeitet, erlebt sehr viel Wertschätzung und ein echtes Interesse an seiner Person und seinen

Besonderheiten. Es wird viel Wert daraufgelegt, dass jedes Mitglied sie oder er selbst sein kann und sich nicht verstellen muss, wie es in vielen Unternehmen dieser Welt der Fall ist. Starke Seiten des Menschen sind hier ebenso zuhause wie zögerliche oder unsichere. Im For-Purpose-Betriebssystem ist der ganze Mensch mit seinem Wesen willkommen; auch diejenigen, die erstmals ihr Wesen erkunden. Es ist kein Ort der Härte oder Gleichgültigkeit, wie es angesichts der Holacracy-Praxis im Kontext Arbeit und den dortigen „unpersönlichen" Meeting-Prozessen erscheinen mag. Ich persönlich habe bei encode.org eine Anteilnahme an meiner Person erlebt, die ich sogar im Freundeskreis selten erfahre und eine besonders warme Art kennengelernt, zwischenmenschliche Konflikte zu lösen.

Eine Gemeinschaft von Individuen

Gleichzeitig gilt die Autonomie des Einzelnen. Im For-Purpose-Betriebssystem teilen Sie die Annahme, dass jede Person für sich selbst sorgt (self-care) und niemand sonst diese Rolle – als Elternfigur – übernehmen muss. Das heißt im Klartext, dass ich meinen Mund aufmachen muss, wenn mir etwas wichtig ist und nicht darauf warten sollte, dass mir jemand meine Wünsche von den Lippen abliest. Ich habe bei encode.org gelernt, meine Bedürfnisse einzubringen und zu vertreten, ohne Angst zu haben, dass sie niemand mit mir teilt und ich auf ihnen „sitzenbleibe". Ein ähnliches Beispiel dazu aus dem Kontext Arbeit ist die Verarbeitung von Spannungen in einem Tactical Meeting. Der Moderator („Facilitator") fragt als erstes: „Was brauchst Du?" (und erfragt damit das Bedürfnis der Rolle – nicht der Person).

Bei den viermal im Jahr stattfindenden Meetups von encode.org ist es Teil der Kultur, an gemeinsamen Ausflügen oder Restaurantbesuchen teilzunehmen – wenn man das möchte. Niemand übt Druck auf eine Person aus. Keine muss mitkommen, nur um einem anderen eine Freude zu machen. Jeder genießt größtmögliche Autonomie im Sinne von Entscheidungsfreiheit. Bei encode.org sprechen wir von einer Gemeinschaft von Individuen („a collective of individuals"), dieses Bild gefällt mir persönlich sehr gut.

Unterschiede zu akzeptieren ist nicht nur für das Miteinander von Bedeutung. Es ist auch für die Arbeit und die Holacracy-Praxis zentral. Indem so viele verschiedene Perspektiven wie möglich in die Meetings eingebracht werden, können die Arbeit, das Eigentum und das Miteinander immer wieder am Sinn ausgerichtet und das Unternehmen dynamisch gesteuert werden.

Modelle zum besseren Verständnis der Persönlichkeit

Doch was bedeutet es, dass Menschen unterschiedlich sind? Der Neurobiologe Gerhard Roth und die systemische Beraterin Alica Ryba verstehen

Persönlichkeit als „zeitlich überdauernde Muster im Fühlen, Denken und Handeln“ von Menschen. Diese Muster sind dynamisch, auch wenn die „entwicklungsbedingte und situative Dynamik“ gewisse Regelmäßigkeiten aufweist. Diese „Regelmäßigkeit nennen wir die Persönlichkeit eines Menschen“.[15] Neurowissenschaftler sagen, dass weder allein die Gene, noch allein die Umwelt die Persönlichkeit des Menschen formen, sondern dass beides unauflöslich im Gehirn miteinander verbunden wird.

Um ein besseres Verständnis Ihrer Persönlichkeit zu erlangen, können Persönlichkeitsmodelle hilfreich sein. Zudem können sie die Verständigung fördern. Ein weltweit bekanntes Instrument ist der Myers-Briggs Typenindikator®, kurz MBTI®, den Isabel Myers und ihre Mutter Katharine Briggs in den 1940er-Jahren auf Basis ihrer Interpretation der Arbeiten von Carl Gustav Jung (1875–1961)[16] entwickelt haben. Franziska Fink und Michael Moeller beschreiben weitere Verfahren, die Purpose Driven Organizations anwenden, um die persönliche Entwicklung ihrer Mitglieder zu unterstützen und zu begleiten (wie SIZE, CAPTain agility, PERMA Lead und STAGES Assessment).[17]

Alle Mitglieder einer For-Purpose-Enterprise verpflichten sich in der Gemeinschaftsvereinbarung, individuelle Unterschiedlichkeit mithilfe eines Modells aus der Psychologie zu betrachten und mit ihnen wertschätzend umzugehen. Die Vereinbarung gibt kein Modell vor, sondern nur Basiskriterien:

- Das Modell zu individuellen Unterschieden muss das Ziel haben, die persönliche Kapazität für die Akzeptanz unterschiedlicher Perspektiven zu erhöhen („to increase perspective taking capacities“ heißt es im Original der Gemeinschaftsvereinbarung von encode.org).

Encode.org nutzt aktuell den InterStrength CORE Approach™ der US-amerikanischen Organisationsentwicklerin Linda V. Berens, der von einem tiefen Verständnis von Selbstorganisation und lebenden Systemen zeugt und ebenfalls die Erkenntnisse von C. G. Jung integriert. Der Ansatz beschreibt die eigene Persönlichkeit über vier Interaktionsstile und vier Temperamente (*Understanding Yourself and Others®*). Die persönliche Mischung dieser Merkmale führt dann zu einem von 16 Persönlichkeitstypen, die jeweils mit einem der Buchstabencodes des Myers-Briggs Typenindikators® (MBTI) korrespondieren. Das Besondere an dem Modell ist, dass es – anders als der MBTI – für eine Weiterentwicklung der Persönlichkeit und für situationsspezifisches Verhalten offen ist.[18] Alle Mitglieder von encode.org durchlaufen einen Reflexionsprozess auf Basis der vier Temperamente und der vier Interaktionsstile, um für sich den „Best-fit Type“ heraus zu finden und üben sich fortlaufend in ihren Fähigkeiten der vorurteilsfreien Wahrnehmung („perspective taking capacities“).

Wie bei jedem Modell gibt es auch hier Kritik. Wie kann ein Modell Persönlichkeitseigenschaften abbilden, die sich im Laufe des Lebens entwickeln?

Und: wieso kann ich nicht ohne ein solches Modell aufgeschlossen sein für individuelle Unterschiede?[19] Auch innerhalb von encode.org war das Vorgehen nicht unumstritten. Ein Mitglied, das jetzt nicht mehr in aktiver Rolle dabei ist, wollte das Modell nicht auf sich und andere anwenden. Es sei schädlich, anderen Menschen einen Stempel aufzudrücken; das kenne er noch aus der Schule. Die Befürworter meinten dagegen, wir könnten viel gewinnen, weil es eine gemeinsame Sprache für Unterschiede ist, die wir in Konflikten benutzen. Und prompt hatten wir einen „schönen" Konflikt, der bei einem Meetup auf Rhodos aufkam und besprochen wurde.

Lösung zwischenmenschlicher Konflikte

Es gehört zur Kultur einer For-Purpose-Enterprise, anzuerkennen und gutzuheißen, dass Menschen verschieden sind. Gleichzeitig gibt es auch bei encode.org regelmäßig zwischenmenschliche Konflikte, die keiner gerne hat. Der Unterschied zu konventionellen Wirtschaftsunternehmen ist, dass wir alle wissen, je schneller wir den Konflikt lösen, desto besser können alle Beteiligten den Sinn von encode.org und ihren individuellen Sinn verwirklichen. Das macht es einfacher, den inneren Schweinehund zu überwinden und das Gespräch zu suchen!

Wenn es zwischen Mitgliedern von encode.org zu Spannungen kommt, halten wir die Schritte aus der Gemeinschaftsvereinbarung ein. Zunächst nehmen alle Beteiligten eine aufgeschlossene und interessierte Haltung ein („appreciative inquiry"). Alle führen sich vor Augen, dass jedes Mitglied in Übereinstimmung mit seinem individuellen Sinn und dem Sinn des Unternehmens handeln möchte und setzen bewusst voraus, dass es keine schlechten Absichten hat. Aus dieser Haltung heraus führen die beteiligten Personen das klärende Gespräch über ihre verschiedenen Perspektiven. Häufig verweisen die Beteiligten im Laufe der Auseinandersetzung auf ihre Persönlichkeitsmerkmale und -muster. Diese Selbstkenntnis hilft, Konflikte zu lösen oder auch Feedback auf eine Weise zu geben, dass das Gegenüber es annehmen kann. Sollte ein ruhiges und mitfühlendes Gespräch gerade nicht möglich sein, wird es verschoben oder mit einem neutralen Dritten geführt – wie wir es bei encode.org mehrfach gemacht haben.

Vereinbarungen aus den Gesprächen halten alle Beteiligten in einer Liste („Micro Agreement Ledger") fest, die für alle zugänglich auf einem gemeinsamen Laufwerk abgespeichert liegt. Dort steht, wer an einem Konflikt beteiligt, was das Thema war und wie – idealerweise – die abschließende Vereinbarung lautet.

Spannungen, die nicht zwischenmenschlicher Natur sind, werden nicht im Kontext Mensch, sondern im Kontext Arbeit oder im Kontext Recht behandelt, wo andere Regeln der Gesprächsführung und Entscheidung gelten.

- Im Kontext Arbeit handelt es sich um arbeitsbezogene Spannungen, wie zum Beispiel die Schnittstelle zwischen zwei Aufgaben, die nicht

funktioniert. Dieses Thema wird dann in einem operativen Meeting besprochen und gelöst. Sind die Verantwortlichkeiten einer Rolle unklar, beschließen Sie nötige Änderungen in einem Governance Meeting.
- Beim Kontext Recht geht es um Spannungen rund um die Investorenstellung und die vertraglich vereinbarten Rechte, wie zum Beispiel der Return on Investment.

> Ziel ist, die konkrete Spannung in jedem Kontext gesondert zu behandeln und in eine Lösung zu integrieren. Um diese Differenzierung aufrechtzuerhalten, ist das Navigieren in Kontexten (siehe der nächste Abschnitt) eine zentrale Kompetenz in einer For-Purpose-Enterprise.

Ein weiterer großer Unterschied zu meinen Erfahrungen von Konfliktlösung in konventionellen Unternehmen ist, dass der Grundsatz „Ja, aber!" vom Richtsatz „Und gleichzeitig!" abgelöst wird. Es gehört zur DNA einer For-Purpose-Enterprise, dass sich alles Handeln in einem Spannungsfeld von sich gegenüberstehenden wichtigen Aspekten abspielt (so auch bei der Strategie, siehe in Kapitel 2 und 3). Die Aufgabe bei dieser Art der Zusammenarbeit ist, in einer Situation oder für eine gewisse Zeit einem Aspekt den Vorrang vor einem anderen zu geben, ohne letzteren zu vernachlässigen oder ganz zu negieren. Die Beteiligten geben den menschlichen Wunsch nach Eindeutigkeit und Kontrolle auf – zugunsten eines dynamischen Vorgehens innerhalb eines bestehenden Spannungsfelds polarer Werte. So ringen zwei Personen hart um ein Thema, vertreten sich und ihre Bedürfnisse vehement. Gleichzeitig sind sie in der Lage, loszulassen. Es geht um die *Kunst, nicht recht haben zu müssen*. Das klappt natürlich auch in einem For-Purpose-Betriebssystem nicht immer; doch sehr viel häufiger, als im konventionellen Wirtschaftsumfeld, wo wir nur die starken Seiten von uns zeigen und die anderen verdrängen und der Wunsch nach Eindeutigkeit sowie Gewinnen dominiert.

Ich erinnere mich gut an ein Meeting in Dubrovnik, bei dem es um sehr persönliche Themen von Motivation und finanziellen Erwartungen an encode.org ging. Die Moderatorin hatte eingeladen, die eigenen Gedanken zu äußern und keine Zeitbegrenzung vorgegeben. Einige waren online zugeschaltet, und es zeigte sich bald, dass in der vorgesehenen Zeit nicht alle an die Reihe kommen würden. Die Moderatorin bemerkte Unruhe und unterbrach das Meeting kurz. Sie sagte zu einem Teilnehmer: „Dir ist es wichtig, dass in der Sitzung heute alle zu Wort kommen, bevor sie nach 90 Minuten zu Ende ist. Das finde ich auch wichtig. Und gleichzeitig ist es mir als Moderatorin gerade noch wichtiger, dass ich niemanden unterbreche. Daher gebe ich dem Ausreden heute den Vorrang und werde dafür Sorge tragen, dass die anderen auch noch an die Reihe kommen. Gleich nach dem Meeting werde ich ein Anschlussmeeting ansetzen."

Feedback geben und nehmen

Feedback im For-Purpose-Betriebssystem folgt den aus Organisationen allgemein bekannten Regeln (geeigneter Rahmen, bei sich beginnen, Beispiele nennen, etc.). Anders als bei konventionellen Unternehmen führen sich im For-Purpose-Betriebssystem, beide Seiten während des Feedbacks den Sinn des Unternehmens und den individuellen Sinn der Feedbacknehmerin vor Augen. Sie schauen auf das infrage stehende Thema unter dem Blickwinkel des Sinns und überlegen gemeinsam, wie das zur Diskussion stehende Verhalten in Zukunft besser in Übereinstimmung mit dem Sinn stehen könnte. Am Ende des Feedbacks halten alle Beteiligten schriftlich fest, was sie gelernt haben, welche Spannungen fortbestehen und welche Vereinbarungen sie getroffen haben. Diese führen sie wiederum im Micro Agreement Ledger auf, das ich schon bei der Konfliktlösung erwähnte. Alle diese Schritte sind in der Gemeinschaftsvereinbarung festgehalten.

Ein bemerkenswertes Beispiel für wertschätzendes Feedback ist die Arbeit mit den besonderen Fähigkeiten, die die US-amerikanische Organisationsentwicklerin Linda V. Berens „Superpower" nennt. „Superpower" ist alles, was Ihnen sehr leichtfällt und dessen Sie sich häufig gar nicht bewusst sind. Diese besonderen Stärken charakterisieren Sie. In vielen Fällen sind sie auch eng mit Ihrem individuellen Sinn verbunden. Ich erlebte auf dem Meetup von encode.org in Valencia, wie Linda V. Berens als Moderatorin alle Teilnehmenden bat, nacheinander zu einer Person zu sagen, welche *Superpower* diese Person ihrer Meinung nach hat. Nachdem alle ihre Rückmeldung gegeben haben, bedankt sich die Zuhörerin und teilt die eigene Sichtweise auf ihre *Superpower* mit der Gruppe. Dann kommt eine andere Person an die Reihe. Es ist ein besonderes Erlebnis, von mehreren Personen eine Rückmeldung zur eigenen *Superpower* zu bekommen. Ein derartiges Feedback empfängt man ein wenig ehrfürchtig und dankbar. Ich gebe zu: Was ich da über mich gehört habe, stärkt mich noch heute.

» Das Navigieren in Kontexten

Das Arbeiten im For-Purpose-Betriebssystem beruht auf der Norm des Navigierens in Kontexten. Jedes Mitglied einer For-Purpose-Enterprise erklärt sich mit der unterzeichneten Beitrittserklärung bereit, sich für jedes Thema um einen genauen Kontextbezug zu bemühen. Dies möchte ich an einem Beispiel verdeutlichen.

In der Anfangsphase von encode.org wollte ich über die finanzielle Situation des Unternehmens sprechen und zu einem Treffen einladen. Die

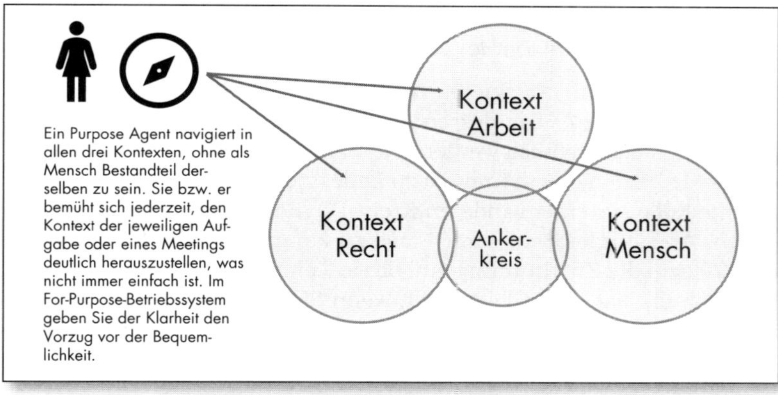

Abb. 27: Das Navigieren in Kontexten

folgenden Fragen schwirrten mir im Kopf herum: Wie lange werden wir das Unternehmen noch aus eigenen Mitteln finanzieren können (bootstrappen)? Wie lange kann ich so meine Familie unterhalten? Wie finanzieren sich die anderen und wie gehen sie mit der finanziellen Unsicherheit um? Um das Meeting einzuberufen und alle dazu mit einem konkreten Kontextbezug einladen zu können, musste ich mir zunächst klar werden:

- Geht es mir um meine Einstellung, Wünsche oder Gefühle in Bezug auf den Einsatz meines Geldes? Habe ich vielleicht Angst, dass sich mein Investment nicht rentiert oder ich nicht genug Familieneinkommen erwirtschafte? Möchte ich hören, wie andere mit der Situation umgehen und wie sie sich in der Anfangsphase des Unternehmens finanzieren, wenn die Gewinnentnahmen noch ausbleiben? Dann beziehe ich mich auf den Kontext **Mensch**.
- Oder geht es mir vielmehr um Fragen meiner Investorenstellung, etwa um meinen Return on Investment rein aus finanzieller Hinsicht? Fehlen mir Zahlen? Habe ich rechtliche Fragen? Dann bewege ich mich im Kontext **Recht**.
- Oder möchte ich wissen, wie die finanzielle Situation des Unternehmens meine Rollenarbeit nach der Holacracy-Praxis beeinflusst? Möchte ich erfahren, welche Ressourcen vom Lead Link eines Kreises für welche Arbeit bereitgestellt werden können? Ganz klar Kontext **Arbeit**.

Wenn ich mir darüber klar geworden bin, um welchen Kontext es geht, lade ich die anderen zu einem Gespräch in genau diesem Kontext ein. Auf dieser Basis können alle entscheiden, ob sie daran teilnehmen möchten (ich sichere damit die Werte der Autonomie und Transparenz). Der Kontextbezug ist auch deshalb wichtig, weil (wie beschrieben) jeweils unterschiedliche Regeln für Diskussionen und Entscheidungen gelten – und eine andere Dynamik.

Das Mitglied muss zur Rollenarbeit einladen („Member must invite to role work")

Eng verwandt zum Navigieren in Kontexten ist die Regel, dass jedes Mitglied ein anderes um dessen Einverständnis ersuchen muss, bevor Arbeitsthemen behandelt werden. Das heißt konkret Folgendes: Ein operatives Meeting in einem Kreis ist zu Ende und Sie haben noch eine Frage an eine Rolle aus einem anderen Kreis. Die Rolleninhaberin sitzt neben Ihnen. Anstatt gleich zu Ihrer Frage zu kommen, holen Sie vorab von der Kollegin die Zustimmung ein, ob sie Zeit für eine spontane Arbeitsbesprechung hat. Das Gleiche gilt, wenn Sie abends gemütlich zusammensitzen. Ein schnelles „Lass uns das mal eben besprechen" ohne das Einverständnis des anderen ist tabu. Das zeigt, wie wichtig Autonomie ist.

Prozess-Timeout (Process Timeouts)

Im For-Purpose-Betriebssystem gilt die Regel, dass jedes Mitglied jederzeit und in jedem Kontext ein „Prozess-Timeout" bei der Moderatorin („Facilitator") eines Treffens erbitten kann. Hierdurch wird das Meeting unterbrochen; während des Timeouts werden Fragen zu Abläufen und Entscheidungsprozessen geklärt oder die Holacracy®-Verfassung erläutert; der Kontext wird geprüft (Arbeit, Recht oder Mensch) und ob eine Diskussion dazu passt. Ich kann auch Hilfe erbitten, auf welchem anderen Weg die konkrete Spannung geklärt werden kann. Bei encode.org treffen HolacracyOne-Gründer mit Neulingen in der Holacracy-Praxis zusammen. Zur zweiten Gruppe gehörte auch ich und nahm den Process Timeout gerne in Anspruch. Es muss außerdem immer klar sein, ob sich die Gruppe im Timeout befindet oder schon wieder im regulären Ablauf des Treffens. Wie im Sport wird quasi wieder angepfiffen.

» Weitere Merkmale der Kultur im For-Purpose-Betriebssystem

Die Kultur eines For-Purpose-Unternehmens ist reich wie jede Unternehmenskultur. Ich beleuchte nun weitere Grundannahmen, Werte, Normen und Verhaltensweisen im Überblick, die das Bild kompletter machen.

Experimentieren

Eine For-Purpose-Enterprise lebt in allen drei Kontexten nach der Regel des „Vorwärts scheitern" („Fail forward fast").

Alle Mitglieder eruieren täglich, was gerade die richtige Vorgehensweise ist und lernen aus den Fehlern, die sie auf dem Weg nach vorne begehen. Alles Handeln ist ein fortlaufendes Experiment. Diese Vorgehensweise ist im dritten Prinzip immanent: „Alles Handeln agil und transparent gestalten".

- Sollte ein Geschäftsmodell nicht funktionieren, wird es stillgelegt und etwas anderes versucht (Kontext Arbeit).

- Erweist sich ein Projekt als fehlgeleitet, wird es eingestampft (Kontext Arbeit).
- Müssen die Regelungen zur Verzinsung von nicht-ausgeschütteten Entnahmerechten verändert werden, wird dies beschlossen (Kontext Recht).
- Wenn im Kontext Mensch das Onboarding neuer Mitglieder noch nicht gut genug funktioniert, wird von den dafür verantwortlichen Rollen kurzerhand ein neues entwickelt.
- Ebenso kann der Ablauf zur Anmeldung neue Gilden oder spezieller Interessengruppen bei Bedarf rasch verändert werden (Kontext Mensch).
- Der Sinn des Unternehmens wird fortentwickelt. Encode.org startete mit „Going Beyond Employment. Liberating Purposeful Work" und kam im Januar 2019 zu „To connect power, purpose and work" (die drei Kontexte übergreifend).

Charakteristisch für encode.org ist, dass sich diese Experimentierfreude explizit auch auf das Miteinander bezieht. Wir verpflichten uns, neue Verfahren für Konfliktlösung, Kommunikation, Feedback oder den Umgang mit individuellen Unterschieden auszuprobieren und bei Erfolg dauerhaft anzuwenden.

Purpose Nomads

Ein Teil der Mitglieder von encode.org hat sein Zuhause in die weite Welt verlegt. Das heißt, dass sie ihre Wohnung am Heimatort ganz aufgeben oder über eine Plattform wie airbnb vermieten und nur teilweise selbst darin wohnen. Ihr regulärer Wohn- und Arbeitsort ist das Unterwegssein, sie verbinden auf diese Weise Arbeiten und Reisen.

So leben sie ihren individuellen Sinn und treffen in aller Welt auf Gleichgesinnte. Andere reisen „nur" zu den internen Treffen oder zu anderen Gelegenheiten wie z. B. Konferenzen. Durch die große Autonomie und die Betonung von Diversität in einer For-Purpose-Enterprise gibt es in keine Richtung einen Gruppendruck, wie man sich am besten verhalten sollte.

Individuelle Selbstorganisation

Alle Mitglieder einer For-Purpose-Enterprise verfolgen ein strenges Zeit- und Projektmanagement. Ohne dies sind wir gerade beim agilen Arbeiten verloren (vgl. Selbstführung in Kapitel 3). Die Vielzahl der Aufgaben, gekoppelt mit einer ständigen Erreichbarkeit, der Arbeit über Zeitzonen hinweg und der vielen Reisetätigkeit setzen einen guten Überblick voraus. Viele arbeiten heute in mehreren agilen Organisationen gleichzeitig. Manchmal fühlt es sich an, als würde ich gleichzeitig unterschiedlich schnell auf mehreren Bahnen im Schwimmbad schwimmen und müsste mich dabei zusätzlich koordinieren. Da ist es immer gut, dass es die

Weekly Reviews nach *Getting Things Done* gibt, die ich im dritten Kapitel erläutert habe – einfach um den Überblick zu bewahren.

Down-time und Self-care

Von jedem Mitglied bei encode.org wird erwartet, dass es eigenständig Urlaub nimmt, um gut für sich zu sorgen (down-time). Als Daumenregel und in der Gemeinschaftsvereinbarung gelten fünf Wochen pro Jahr. Da jedes Mitglied einer For-Purpose-Enterprise als autonom und erwachsen behandelt wird (darauf bin ich bei den individuellen Unterschieden schon eingegangen), übernimmt niemand ungefragt die Sorge für einen andern. Darin liegt zugleich die große Herausforderung des neuen Arbeitens. Es gibt keine Chefin, die wie ein Elternteil die Fürsorge für mich übernimmt und mir nahelegt, wieder einmal frei zu nehmen. Das muss ich schon selbst tun und mich aus den Anforderungen des agilen Arbeitens und der permanenten Erreichbarkeit selbstständig befreien. Als Gegenwert zu dieser Freiheit wird in einer For-Purpose-Enterprise daher Self-care großgeschrieben. Wer eine Auszeit braucht, muss niemals Rechenschaft darüber geben, sondern wird von allen Seiten dazu ermuntert.

Ganzheitliche Mitgliedschaftsprozesse

Im For-Purpose-Betriebssystem gibt es keine Human Resources Abteilung und keine Personalentwicklung im klassischen Sinne, weder im Kontext Arbeit, noch im Kontext Mensch. Das haben Sie bereits in Kapitel 3 unter Aufbauorganisation erfahren.

Warum brauchen Sie auch im Kontext Mensch keine HR-Abteilung, obwohl es doch hier – endlich – um die Themen Motivation, Weiterentwicklung und Zufriedenheit geht? Menschen entscheiden sich für eine For-Purpose-Enterprise, weil ihr individueller Sinn mit dem des Unternehmens im Einklang ist. Sie sind Purpose Agents des Unternehmens. Alle teilen im For-Purpose-Betriebssystem die Auffassung, dass auch keine gut geschulten HR-Abteilungs-Mitarbeiterinnen und -Mitarbeiter einen Menschen von außen motivieren können. Mit dem Irrglauben einer externen Motivation hat Reinhard K. Sprenger bereits 1989 in der Erstauflage seines Bestellers *Mythos Motivation* aufgeräumt. Der individuelle Sinn, die Autonomie der Einzelnen und die ständig mögliche Weiterentwicklung in einer For-Purpose-Enterprise sind Motivation an sich (vgl. dazu die Motivationsforschung von Daniel Pink in Drive; er spricht von Autonomy, Mastery und Purpose als Faktoren für hohe Leistung und Zufriedenheit).

In vielen traditionellen Organisationen scheint die Devise zu gelten: Zuerst Strategie, Umsatz und Aufbauorganisation, dann (vielleicht) die

Menschen (vgl. Kapitel 1: Das Menschliche in die Verbannung). Im For-Purpose-Betriebssystem erkennen Sie die besondere Wichtigkeit des Kontexts *Mensch* an. Das ist auf den ersten Blick banal, weil wir alle Menschen und keine Maschinen sind – mit persönlichen Geschichten, Bedürfnissen und Emotionen. Wenn Sie aber erleben, bei der Arbeit ganzheitlich präsent sein zu dürfen und ihren individuellen Sinn mit dem Sinn des Unternehmens in Übereinstimmung bringen, sind Sie aus sich heraus motiviert – ganz und gar nicht banal, auch für den Unternehmenserfolg.

Unter den genannten Prämissen brauchen Sie keine HR-Abteilung im klassischen Sinne. Im Kontext Mensch finden Sie daher einen Kreis, der die Verantwortung für personenbezogene operative Prozesse hat, ohne eine HR-Abteilung zu sein. Bei encode.org heißt dieser Kreis *People Operations* (Stand Februar 2019).

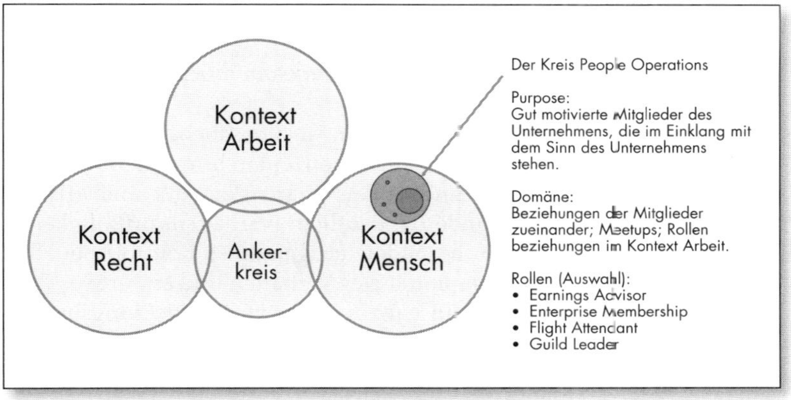

Abb. 28: Sinn (purpose), Domäne und einige Rollen des Kreises People Operations im Kontext Mensch von encode.org (Stand März 2019)

Er ist für alle operativen Mitgliederprozesse innerhalb der For-Purpose-Enterprise zuständig, die mit den Menschen zu tun haben und sich auf die Mitarbeit auswirken. Hier geht es aus ganzheitlicher Perspektive um Themen, wie Vergütung, On- und Offboarding, Feedback und Leistungsbewertung.

Obwohl es im For-Purpose-Betriebssystem keine HR-Abteilung gibt, brauchen Sie ebenso wie konventionelle Unternehmen Antworten auf alle operativen Themen der Mitgliedschaft. Diese erarbeiten Sie im Kreis *People Operations* nach den Regeln der Holacracy-Praxis (sie wird hier angewendet, obwohl der Kontext Mensch betroffen ist, wie ich oben auf Seite 117 dargelegt habe). Der Unterschied zum konventionellen Umfeld besteht darin, dass Sie bei den Antworten die vier Prinzipien beachten (Kapitel 1) und alle traditionellen Managementansätze hinter sich lassen

(Kapitel 2). Dadurch blicken Sie auf die gleichen Fragen mit gänzlich neuer Haltung.

- Wie finden Sie die Personen, die zu Ihrem Unternehmen passen, und wen brauchen Sie überhaupt in Zukunft?
- Auf Basis welcher Kriterien entscheiden Sie, ob eine Person zum Unternehmen passt?
- Wie können Sie die Einarbeitung der neuen Mitglieder bestmöglich unterstützen?
- Wie sieht die Gehaltsentwicklung aus?
- Wie bleiben Sie über die Motivation der Einzelnen im Gespräch?
- Wie geben Sie Rückmeldungen zu Leistung und Miteinander?
- Wie unterstützen Sie Mitglieder, die überfordert sind?
- Wie gestalten Sie die persönliche und fachliche Weiterentwicklung?
- Wie trennen Sie sich wertschätzend von Personen, die nicht zum Unternehmen passen?

» Die passenden Menschen auf sich aufmerksam machen

Im For-Purpose-Betriebssystem brauchen Sie Menschen, die den Sprung weg von den traditionellen Managementkonzepten hin zu den vier Prinzipien mitgestalten können und wollen. Franziska Fink und Michael Moeller[20] formulieren es wunderbar deutlich: „Verhaltensauffälligkeiten einzelner Personen, wie ein besonders ausgeprägtes Kontrollbedürfnis bis hin zur Kontrollsucht, manipulatives Verhalten und ein großes Maß an Narzissmus, können für ein ganzes Team zu Entwicklungshemmnissen werden.“ Sie zitieren Antoinette Weibel, Professorin für Personal-

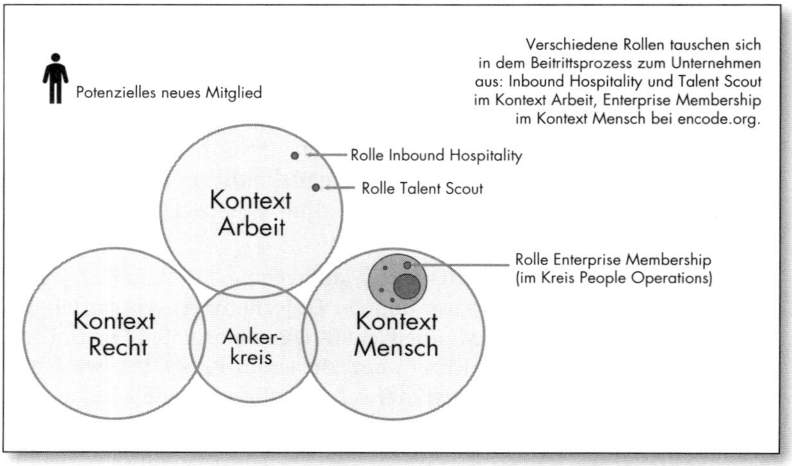

Abb. 29: Aufnahme neuer Mitglieder in die Gesellschaft

management in St. Gallen[21]: „Wen es nicht verträgt im Holacracy-Modell sind Egoisten, Karrieristen und Narzissten."

Innerhalb von encode.org im Kontext Arbeit nimmt die Rolle *Inbound Hospitality* alle Anfragen von außerhalb auf, auch solche auf Mitarbeit. Die ebenfalls dort verortete Rolle *Talent Scout* hört sich um, welche Personen interessiert an und geeignet für eine Mitarbeit sein könnten. Diese beiden Rollen sind mit der Rolle *Enterprise Membership* im Kreis People Operations (Kontext Mensch) vernetzt und tauschen sich über die Anfragen aus. Wenn eine Person von ihren Kompetenzen her für eine bzw. mehrere Rollen im Kontext Arbeit geeignet scheint und aufgeschlossen ist, sich in der Kultur einer For-Purpose-Enterprise zu bewegen, leitet *Enterprise Membership* die nächsten Schritte zur formalen Aufnahme in die Gesellschaft ein.

» Neue Personen in die Gesellschaft aufnehmen und einarbeiten

Im For-Purpose-Betriebssystem ist die kulturelle Passung – oder vielmehr eine Ergänzung der Kultur[22] – wichtiger als vorhandene Kompetenzen, Wissen und Erfahrungen eines Mitglieds. Letzteres kann außerdem leichter erworben werden, als sich innerlich mit der neuen Art des Arbeitens zurechtzufinden und die Kultur mitzuprägen. Für eine For-Purpose-Enterprise heißt das, dass sie neue Gesellschafterinnen und Gesellschafter nur dann aufnehmen sollte, wenn diese mit den Grundannahmen, Werten und Normen konform gehen bzw. die fehlenden ergänzen. Sehr wichtig ist auch die Bereitschaft der Einzelnen, die eigene Einstellung zu reflektieren und Feedback anzunehmen. Es geht in diesem Stadium um einen möglichst soliden Eindruck voneinander, bevor man sich für eine Zusammenarbeit entscheidet.

Wenn die zuständigen Rollen eine Person gefunden haben, die zum Unternehmen passen könnte, führen Sie im Gesellschafterkreis mit ihr ein Gespräch über den Sinn des Unternehmens, den individuellen Sinn und die kulturelle Passung. Alle Beteiligten können dem potenziellen neuen Mitglied Fragen stellen. Dieses Gespräch findet bei encode.org virtuell statt und wird von der Rolle *Enterprise Membership* geleitet. So bekommen alle einen ersten Eindruck voneinander. Dieser erste Eindruck kann natürlich immer täuschen, was auch bei encode.org schon passiert ist. Diese Personen haben dann nach kurzer Zeit das Unternehmen auf eigenen Wunsch wieder verlassen bzw. sind aus allen operativen Tätigkeiten herausgegangen.

Vor und nach dem Gespräch in der großen Runde gehen die Bewerberin und die Rolle *Enterprise Membership* in einen Dialog über eine mögliche Zusammenarbeit. Bei positiver Resonanz auf beiden Seiten beginnen konkrete Gespräche zwischen der Bewerberin und *Enterprise Membership* über den Zeiteinsatz und die Vergütung. Die Vergütung richtet sich bei encode.org nach einem System, das ich bereits in Kapitel 3 dargelegt habe. Haben beide Seiten die individuellen Zeit- und Vergütungsfragen geklärt, leitet *Enterprise Membership* die formalen rechtlichen Schritte des Beitritts zur Gesellschaft ein. Die Rolle hat dafür alle erforderlichen Kompetenzen.

Meine Aufnahme bei encode.org verlief ein wenig holprig. Ich hatte damals mit der Rolle *Opportunity Sniffer* gesprochen (vgl. oben Kapitel 3), die mich mit der Rolle *Enterprise Membership* vernetzte, die Thomas Thomison innehatte. Schnell hatten Tom und ich einen Termin für das virtuelle Meeting mit den anderen Gesellschafterinnen und Gesellschaftern gefunden. Ich stellte mich vor und sprach zum ersten Mal in meinem Leben über meinen individuellen Sinn und dachte laut über das nach, was mir bei der juristischen Arbeit wichtig ist. Ich hatte für mich herausgefunden, dass ich Inhalt und Mensch verbinden will – in der Vertragsgestaltung und in der rechtlichen Auseinandersetzung. Nach dem Gespräch verabredeten Tom und ich uns wieder. Tom sagte, das sei ja perfekt, in zehn Tagen würden sich alle in Amsterdam treffen, da könnte ich ja dazu kommen und gleich den Gesellschaftsvertrag unterschreiben. So fuhr ich mit dem deutschen, etwas heruntergewirtschafteten, Eurocity-Zug nach Amsterdam und fand meinen Weg in ein typisch holländisches Reihenhaus, das „Headquarter" für das Treffen (ein airbnb). Ich kam herein, alle saßen an ihren Rechnern um einen großen Tisch herum. Auf dem Tisch standen Blumen, Nüsse und Wasser und es herrschte eine ruhige und arbeitsintensive Atmosphäre. Christiane, die „Opportunity Sniffer", begrüßte mich, dann lernte ich Tom und die anderen persönlich kennen. Ja, und das war es dann auch mit dem Onboarding, den Rest musste ich selbst herausfinden ...

Am Ende meines Aufenthalts in Amsterdam habe ich nach einem intensiven Gespräch mit Tom den Gesellschaftsvertrag unterschrieben. Er hat mich mit einem Bild zu meinem individuellen Sinn überzeugt, dass ich genau jetzt und hier mitmachen muss, dass dies mein nächster Schritt ist. Ich sah einen tiefblauen See und ein vierflügeliges Haus mit großen Fenstern, klaren Formen, hellen Holz und weißen Wänden, in dem ich Coachings abhielt und Menschen auf ihrem Weg zum Sinn begleitete.

» Begleitung der Mitglieder des Unternehmens und Trennung

Als neu gebackene Gesellschafterin ging es für mich gleich los mit verschiedenen Meetings in den drei Kontexten des Unternehmens (Recht – Arbeit – Mensch). Ich sog. die Holacracy-Praxis in mich auf und machte meine ersten Schritte als Protokollführerin („Secretary") und Moderatorin („Facilitator") eines Kreises.

Rollenbeschreibung Facilitator

Purpose:

Kreis-Governance und operative Praktiken im Einklang mit der Holacracy®-Verfassung.

Verantwortlichkeiten:

- Moderieren der von der Holacracy®-Verfassung des Kreises geforderten Meetings.
- Überprüfen der Meetings und Aufzeichnungen der Sub-Kreise nach Bedarf und Erklären eines Prozessversagens, nachdem ein Verhaltensmuster erkannt wurde, das den Regeln der Holacracy®-Verfassung widerspricht.

Rollenbeschreibung Secretary

Purpose:

Betreuung und Stabilisierung der formalen Aufzeichnungen des Kreises und des Protokoll-Prozesses.

Domäne:

Alle von der Holacracy®-Verfassung geforderten Aufzeichnungen des Kreises.

Verantwortlichkeiten:

- Planen der vom Kreis geforderten Meetings und benachrichtigen aller Kernmitglieder über die eingeplanten Zeiten und Orte.
- Erfassen und Veröffentlichen der Ergebnisse der für den Kreis definierten Meetings und Verwaltung einer zusammenfassenden Sicht der aktuellen Governance, von Checklisten-Punkten und Metriken des Kreises.
- Interpretieren von Governance und Holacracy®-Verfassung auf Anfrage.

Gäbe es nur die Holacracy-Praxis im For-Purpose-Betriebssystem, hätte ich mich häufig einsam oder „halb" gefühlt. Einmal hatte ich sogar schon verkündet, meine Tätigkeit für encode.org ruhen zu lassen. Mir wurde es einfach zu viel, meinen regulären Job mit der Tätigkeit für encode.org zu verbinden – und encode.org warf noch nicht genug Einkommen ab, um meinen alten Job sausen zu lassen. Die Arbeit in einem komplett agilen Start-up stellte außerdem enorme Anforderungen an mein Zeitmanagement. Die Reaktion darauf war typisch für encode.org. Zum einen akzeptierten alle die Entscheidung und keiner redete auf mich ein. Gleichzeitig betonte ein Mitglied, wie sehr das Unternehmen doch einer *Love Affair* gleiche und dass er bis ans Ende der Welt kommen würde, um weiterhin mit mir Projekte aufzustellen, auch wenn ich nicht mehr für das Unternehmen arbeiten würde. Innerhalb von encode.org sei es manchmal „messy" und alle befänden sich im kontrollierten Chaos. Gerade das würde es für ihn ausmachen, hier arbeiten zu wollen und seine Zeit zu verbringen. Stunden später war ich wieder an Bord. Ich denke, dass hatte damit zu tun, dass ich eine freie Entscheidung treffen konnte und mich nicht zu etwas genötigt fühlte. Und ich merkte, dass mir ansonsten in meinem Leben sehr viel fehlen würde. Durch die regelmäßigen Gespräche mit Mitgliedern des Unternehmens von Ich zu Ich und durch die vier Mal im Jahr stattfindenden Meetups fand ich langsam in die neue Art des Arbeitens herein.

Inzwischen sorgt die Rolle *Flight Attendant* dafür, dass neue Gesellschafter und Gesellschafterinnen in den ersten Wochen und Monaten mehr an die Hand genommen und in Überforderungssituationen unterstützt werden. Sie erläutert technische, arbeitsbezogene, rechtliche und kulturelle Aspekte und fungiert auch als Mentorin. Gerade die Differenzierung von Arbeit und Mensch und die Holacracy-Praxis sind für viele – anfangs auch für mich – sehr neu und ungewohnt. Unterstützung bieten daneben die Gilden des Unternehmens (siehe der nächste Abschnitt zur Weiterentwicklung), die es bei meinem Einstieg auch noch nicht gab.

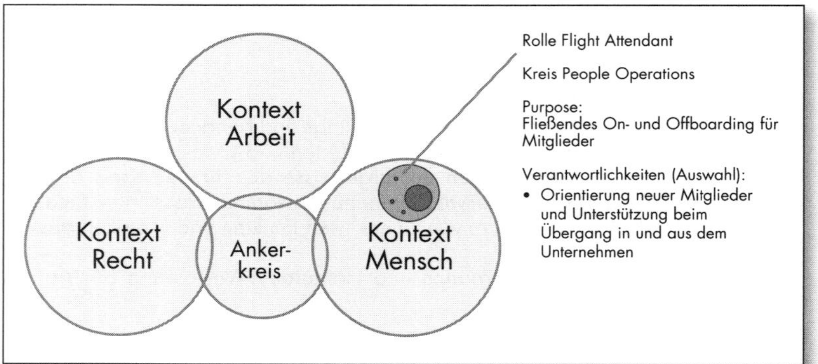

Abb. 30: Rolle Flight Attendant *bei encode.org*

Die Rolle *Earnings Advisor* hat die Verantwortung, mit allen Mitgliedern regelmäßig über deren Einstufung in das Vergütungssystem und die Fokuszeit zu sprechen sowie gegebenenfalls Anpassungen vorzunehmen. Auf dem Meetup im Oktober 2018 in Malta diskutierten wir bei encode.org, wie in Zukunft die Verantwortlichkeit für regelmäßige Feedback-Gespräche am besten in diese Rolle integriert werden kann. Bei den Gesprächen geht es um den Grad der Übereinstimmung zwischen persönlichen Sinn und dem des Unternehmens, um den Beitrag zum Unternehmen sowie um die Integration von Rollenfeedback aus dem Kontext Arbeit.

Derzeit ist die Rolle *Flight Attendant* auch für ausscheidende Gesellschafter zuständig, ohne dass die Verantwortlichkeiten bei encode.org schon weiter ausdifferenziert sind. Es wird noch weitere Governance nötig sein, um besser mit dem Thema „Ausscheiden“ in dreierlei Hinsicht umzu-

Earnings Advisor

add tag

Purpose

Requisite Return on Investments for Partners

Accountabilities

- Conducting regular review meetings with Partners
- Assisting Partners to discern their Purpose Contribution Orientation (PCO)
- Assisting Partners to discern their Market Scarcity or Key Skills capacity levels
- Authorizing changes to Partner's PCO and/or Market Scarcity or Key Skills capacity levels
- Notifying the Organization's Finance role of any changes in Partner Earnings Plan and documenting changes on any current Earnings Plan tracking ledgers
- Reviewing Earnings Plan program with prospective Members upon trigger from Enterprise Membership
- Tracking the financial position and cash projections of the Enterprise, and informing Partners of potential consequences to their earnings as needed
- Triaging any tensions related to earnings and expenses

Abb. 31: Rollenbeschreibung Earnings Advisor *im Kreis People Operations von encode.org (Stand März 2019)*

gehen: Ausscheiden als Partner nach der Holacracy-Praxis (also Abgabe aller Rollen), Ausscheiden aus dem Kontext Mensch und Ausscheiden als Investorin und Eigentümerin.

Fachliche und persönliche Weiterentwicklung

Mit dem Abschied von klassischen Ansätzen gewinnen im For-Purpose-Betriebssystem die persönliche und die fachliche Weiterentwicklung der Mitglieder des Unternehmens eine andere Bedeutung, als in konventionellen Unternehmen.

- Erstens zählen soziale und emotionale Kompetenzen sowie der Beitrag zur Kultur mehr als Wissen und kognitive Fähigkeiten.
- Zum anderen ermöglicht das For-Purpose-Betriebssystem Autonomie, Selbstwirksamkeit, Selbstführung, Meisterschaft („mastery") und Persönlichkeitsentwicklung, fordert sie aber auch ein, da nur dann das neue Arbeiten möglich wird.

Den zweiten Punkt habe ich am eigenen Leib erfahren: „Einfach" durch die Mitarbeit im For-Purpose-Betriebssystem (und so einfach war es gar nicht) habe ich mich persönlich und fachlich sehr stark entwickelt. Ich kam an meine Grenzen, ich hatte Angst, ich machte zu – und ich blieb dran: Das System hat mich entwickelt und ich war bereit dafür. Manchmal sage ich scherzhaft zu meinen Kolleginnen und Kollegen, dass encode.org für mich die wirksamste Therapie meines Lebens war.

Das For-Purpose-Betriebssystem organisiert die fachliche und persönliche Weiterentwicklung über Gilden und spezielle Interessengruppen. Eine Gilde dient der Fortentwicklung von Kompetenzen, die für die Mitglieder einer For-Purpose-Enterprise notwendig sind. Eine spezielle Interessengruppe bildet sich, um Themen von gemeinsamem Interesse zu untersuchen und zu entwickeln. Diese kann in eine Gilde münden, wenn sich zeigt, dass die behandelten Themen den Unternehmenssinn voranbringen. Jedes Mitglied kann Gilden und Interessengruppen ins Leben rufen, wenn sich mindestens zwei weitere interessierte Personen anmelden.

Die Gilden und speziellen Interessengruppen sind ebenfalls selbstorganisiert, folgen jedoch nicht den Regeln der Holacracy-Praxis – ebenso wenig wie das Miteinander (siehe oben Seite 117).

Eine **Gilde** unterstützt bei der Fortentwicklung von für das Unternehmen notwendigen Kompetenzen und bei der persönlichen Weiterentwicklung.

Spezielle Interessengruppen werden gegründet, um Themen von gemeinsamem Interesse zu entwickeln und zu verfolgen.

Die Gemeinschaftsvereinbarung von encode.org schreibt vier Gilden verpflichtend vor:

- *Software User Experience und Engineering,*
- *Holacracy-Praxis,*
- *Recht und Verträge* und
- *Persönlichkeitsmodelle.*

Encode.org hat derzeit (Stand Februar 2019) neben diesen vier obligatorischen Gilden eine zu *Getting Things Done* und eine weitere zu der Methode *Language of Spaces*. Zudem bestehen mehrere spezielle Interessengruppen.

Ablauf von Treffen

Der Ablauf eines Treffens einer Gilde oder speziellen Interessengruppe wird von der jeweiligen Leitung festgelegt und variiert je nach Anlass und Thema. Bei encode.org dauern die Gilden-Sitzungen mindestens 90 Minuten, manchmal auch bedeutend länger. Sie finden auf den viermal im Jahr stattfindenden Treffen sowie online statt. Meist beginnt eine Sitzung mit einem Check-in, bevor es zum inhaltlichen Teil kommt. Nach der Abschlussrunde bleiben einige Mitglieder manchmal noch online „zusammen“, reden weiter über die Dinge, die ihnen im Kopf herumgehen oder verabreden ein Folgetreffen.

Die Coaching-Methodik Language of Spaces

An dieser Stelle möchte ich Ihnen die Coaching-Methodik *Language of Spaces* näherbringen, weil sie, wie schon gesagt, für das Arbeiten im For-Purpose-Betriebssystem zentral ist. Christiane Seuhs-Schoeller von dem For-Purpose-Unternehmen *evolution at work* entwickelte sie, um die Kernkompetenz des Navigierens in Kontexten zu schulen. Die Methodik baut auf vier sogenannten Räumen auf, die Thomas Thomison vor einigen Jahren in Bezug auf die Holacracy-Praxis herausgearbeitet hat: Role Space, Organizational Space, Tribe Space, Personal Space.[23]

Spannungen fallen in verschiedene Kontexte des Unternehmens

- Ist die Spannung rollenbezogen (Role Space)? Wenn ja, was wäre ein nächster Schritt, um die Spannung zu „prozessieren", also planmäßig zu verarbeiten.
- Oder bezieht sich die Spannung auf die Governance (Organizational Space)? Dann können Sie im nächsten Governance Meeting einen Vorschlag zur Verbesserung einbringen.
- Ist sie zwischenmenschlich (Tribe Space)? Dann könnten Sie die andere Person um ein Gespräch bitten oder sich Feedback einholen.
- Oder geht es um Sie selbst, Ihre Gefühle oder Bedürfnisse? Dann gehört die Spannung in den Personal Space.

Wenn Sie eine Spannung wahrnehmen, führt ein Coach sie anhand dieser Methodik und speziellen Fragen durch die verschiedenen Aspekte der Spannung und entwirrt diese. Das Durchlaufen dieser vier Räume mit einem Coach bringt selbst alten Hasen enorme Klarheit über den nächsten Schritt. In der gleichnamigen Gilde zu *Language of Spaces* können die Mitglieder von encode.org die Methode kennenlernen und sich coachen lassen. Ich wünschte, ich hätte damals schon von ihr profitieren können, doch als ich encode.org beitrat, gab es weder die Methodik *Language of Spaces*, noch die Gilde dazu.

Abb. 32: „Ball of tension"

Der Austausch in Communities

Die persönliche und fachliche Weiterentwicklung for-purpose findet auch in Communities statt. Purpose Agents treffen sich in aller Welt, um sich auszutauschen. Diese Zusammenkünfte sind teilweise einmalig, teilweise Bestandteil fester Gruppen.[24] Encode.org launchte im Januar 2019 die PowerShift Community[25] und plant den Aufbau eines weltweiten Vereins von Purpose Agents. Alle Menschen schließen sich dort sinnstiftend zusammen, können weltweite Gilden bilden, sich austauschen und gemeinsam weiterbilden.

Werde, wer du bist

Bestimmt haben Sie bereits mehr als einen Persönlichkeitstest absolviert und sich danach auch irgendwie im Ergebnis wiedergefunden. Aber eben nur irgendwie. Oft passt etwas nicht so recht zusammen. (Mir ging es genauso.) Das liegt häufig daran, dass familiäre Prägung oder einschneidende Erlebnisse im Lauf des Lebens einen großen Teil unseres Wesens ausmachen. Und hier stoßen die meisten Tests an ihre Grenzen, was nicht weiter verwunderlich ist. Schließlich finden wir selbst kaum Zugang zu allen Facetten unserer Persönlichkeit.

„Wie bin ich wirklich? Ja, wer bin ich wirklich?" Auf dem Weg zu Antworten auf diese Fragen hat mir die Arbeit bei encode.org sehr geholfen. Das fing schon mit dem dort üblichen Persönlichkeitstest an, den ich bereits beschrieben habe: *Understanding yourself and others* (siehe Seite 127). Kaum hielt ich die Ergebnisse in den Händen, durchfuhr es mich wie ein Blitz. „Das bin ja ich, die da beschrieben wird! Unglaublich!“ Von den 16 Beschreibungen verschiedener *personas* passte eine genau auf mich – diesmal uneingeschränkt.

Der Gedanke „Werde, wer du bist“ hat mich beim Schreiben dieses Buchs die ganze Zeit über begleitet. Geht es doch letzten Endes um nichts anderes, als den persönlichen Sinn zu entdecken und damit den eigenen Lebensunterhalt zu verdienen. Für mich war und ist es Chance und Last zugleich, bei encode.org immer wieder vertraute Handlungsweisen und Einstellungen infrage zu stellen. Ich habe neue Formen der Zusammenarbeit in völlig neuen Strukturen kennengelernt. Das zwang mich geradezu, über mich, meine Blockaden, meine Stärken und meinen Sinn im Leben intensiv nachzudenken. Und ich kam nicht umhin, mein Handeln zu ändern.

Alexis Gonzales-Black, die beim Online-Schuhhändler Zappos die Einführung von Holacracy© begleitete, bezeichnete die Praxis als „schön und schrecklich“ zugleich.[26] Ich muss ihr recht geben: Die Persönlichkeitsentwicklung, die mit Holacracy© einhergeht, kann in jeder Hinsicht überwältigend sein.

Die Reise zu meinem persönlichen Sinn, im Beruf, privat, in meinem Leben erwies sich als eine Reise zu mir selbst. Wichtigster Türöffner war dabei, dass ich lernte, den Lärmpegel meines ängstlichen Egos zu senken. Dann es fragte dauernd: „Bin ich gut genug?“, „Bin ich on track?“, „Leiste ich ausreichend?“, „Verdiene ich genug?“, „Werde ich geliebt?“ und vieles mehr. Aber ich wollte erlauschen, was mir meine Seele, meine innere Weisheit zu sagen hatte. So hinterfragte ich meine Ziele, Sorgen und Ansprüche und wollte herauszufinden, was mir im Leben wirklich wichtig ist. Es war ein anstrengender Lernprozess, das Ego zu beruhigen und Raum für die Stimme der Seele zu machen.

Eine For-Purpose-Enterprise gibt Menschen eine berufliche Heimat, die neugierig sind, sie selbst zu werden. Mitglieder auf verschiedenen Entwicklungsstufen arbeiten dort miteinander. Nirgendwo sonst, so meine persönliche Erfahrung, gelingt es besser, zum eigenen Kern vorzudringen, dabei die individuellen Prägungen zu integrieren und die eigene Persönlichkeit durch neue soziale und emotionale Kompetenzen zu erweitern.

Als ich den in diesem Kapitel häufig zitierten Autor von *True Purpose*, Tim Kelley, endlich persönlich kennenlernte, war es Oktober 2018. Das regelmäßige Treffen von encode.org fand diesmal auf Malta statt. Wir saßen alle zusammen am Wohnzimmertisch, mit Blick aufs Meer, und tauschten uns über unseren individuellen Sinn aus. Es waren harte Verhandlungen mit meinem Ego vorangegangen. Der Abend tat richtig gut, wir lachten viel miteinander – und ich spürte: Hier sitzen Menschen rund um einen Tisch, die auf ihrer Reise weit gekommen sind. Denn wir haben die wunderbare Chance genutzt, uns auf den Weg zu uns selbst zu machen ...

Kapitel 6
Fazit

In den vergangenen fünf Kapiteln haben wir uns gemeinsam auf eine Expedition begeben. Wir haben uns dem Betriebssystem für eine neue, agile und sinnorientierte Unternehmensform angenähert. Einige meiner Leserinnen und Leser haben hier bestimmt Neuland betreten. Ich beglückwünsche Sie zu Ihrem Mut, zu Ihrer Neugier und hoffe, die Reise war spannend und aufschlussreich für Sie!

Ich will dieses Buch als Plädoyer verstanden wissen, mehr Sinn im Berufsleben zu wagen. Wir verbringen einfach zu viel Zeit in der Arbeit, als dass diese Zeit sinnentleert ablaufen darf. For-Purpose-Enterprises (FPEs) sind genau auf diesen Sinn ausgerichtet. Es ist richtig: Etablierte, große Unternehmen werden sich schwertun, das vorgestellte Betriebssystem voll und ganz umzusetzen. Was hierarchisch aufgebaut ist, kann nicht über Nacht sinngeleitet und agil werden. Deshalb sind gerade Neugründungen und mittelständische Unternehmen dafür prädestiniert, einen Turnaround in Richtung Sinn zu vollziehen.

Sie haben die **vier Prinzipien** sinnorientierter Organisationen kennen gelernt. Dazu hier noch einige abschließende Anmerkungen:

- Wenn der **Sinn die Ausrichtung eines Unternehmens vorgibt**, richten sich alles Handeln, die Rechtsgrundlagen, das Miteinander und die interne Unternehmensstruktur daran aus. Der Unternehmenssinn ist dabei nicht deckungsgleich mit dem Sinn seiner Individuen – jedes Individuum verfolgt seinen eigenen persönlichen Sinn. Richtig ist aber, dass sich der jeweilige *Purpose* nicht gegenseitig ausschließen sollte. So sollte jeder Mitarbeitende von Zeit zu Zeit für sich überprüfen, ob der aktuelle Unternehmenssinn noch mit dem eigenen vereinbar ist – und gegebenenfalls auch seine Konsequenzen ziehen und gehen. Dies ist nicht ungewöhnlich.

- **Alles Handeln agil und transparent gestalten.** Wenn Menschen in einem sinnorientierten Unternehmen arbeiten, das agil organisiert ist, übernehmen sie Verantwortung und erhalten dafür Macht auf Zeit. Da diese Macht nicht personenbezogen, sondern an Rollen geknüpft ist und zwischen Personen wechselt, wird transparentes Handeln von großer Bedeutung. Außerdem ist in einem For-Purpose-Unternehmen nichts in Stein gemeißelt. Die Gemeinschaft der Mitarbeitenden passt den Sinn, die Strukturen und das Handeln agil an veränderte Rahmenbedingungen an.
- Ich habe dargelegt, warum Sie **Arbeit und Mensch differenzieren und integrieren** sollten. Zu oft überlagern persönliche Ziele, Interessen oder Befindlichkeiten Entscheidungsprozesse in einem Unternehmen. Kompromissloses Ausrichten am Sinn bedeutet, solche durch und durch menschlichen Störfaktoren bei der Arbeit auszublenden. Das soll nicht heißen, dass For-Purpose-Enterprises unmenschlich sind und kalt – sie räumen dem Kontext Mensch vielleicht sogar systematischer und umfangreicher Raum ein als konventionelle Unternehmen. Nur eben getrennt vom eigentlichen Business.
- Sie werden erleben, wie sich **Macht neu verteilen** wird, was insbesondere für Gründerinnen und Gründer eines Unternehmens zunächst etwas beklemmend sein dürfte. Das bedeutet, loszulassen, seine Autorität als Initiator an andere abzugeben bzw. auf mehrere Schultern zu verteilen. Im Gegenzug werden Sie jedoch auch erleben, wie alle Akteure an Bord des Start-ups mit Elan und Begeisterung an die Sache gehen: es ist ihr eigenes Unternehmen. Etablierte Firmen versuchen seit Jahrzehnten, den „Unternehmer im Unternehmen" zu stärken, was jedoch scheitert, weil er oder sie am Ende doch nicht wirklich Verantwortung übernehmen kann (oder darf). Wenn Sie den Weg frei machen dafür, die alte Machtordnung abzulösen, schaffen Sie die Grundlage für eine erfolgreiche For-Purpose-Enterprise, in dem Arbeit allen Spaß macht und erfüllt.

Doch die vier Prinzipien des vorgestellten Betriebssystems sind nicht der einzige Schlüssel zum Erfolg. Sie müssen das konventionelle Management mit einem lebendigen System der Selbstorganisation ersetzen. Oder besser gesagt: Sie müssen es nur zulassen, denn für Sie als Gründer oder Gründerin ist die erste Lektion: Loslassen! Statt hierarchischer Strukturen werden sich dynamische herausbilden. Statt strategisch langfristig und planbar wird das For-Purpose-Unternehmen sehr flexibel und schnell am Markt agieren. Es wird sich immer wieder neu genau daran ausrichten, was für den Kunden Sinn stiftet. Daher ist es nicht nötig, das Geschäftsmodell umständlich schriftlich zu verankern und für mehrere Jahre zu planen. Es wird sich ohnehin bald wieder ändern, wenn es neue Erkenntnisse gibt – in der VUKA-Welt ein unbezahlbarer Wettbewerbsvorteil.

Gleichzeitig gibt es keine Arbeitnehmer und keine Führungskräfte mehr. Alle sind gleichwertige Mitarbeitende auf Augenhöhe, die nicht mehr mühsam über ein Anreizsystem dazu motiviert werden müssen, ihre Leistung zu erbringen. Es braucht niemanden mehr, der von oben herab sagt, wo es lang geht. Am Beispiel von encode.org habe ich dargelegt, wie die typische Struktur einer FPE aussieht und wie das Prinzip der Selbstorganisation dort verankert ist.

Auch wenn es kein kompliziertes Anreizsystem gibt, um Sinn durch Geld zu ersetzen, so gibt es im For-Purpose-Unternehmen natürlich auch eine Vergütung. Wie die unterschiedlichen Beteiligungsformen aussehen können, haben Sie im dritten Kapitel erfahren. Um dies alles – Partizipation, Verantwortung, Vertretungsbefugnisse nach außen und vieles mehr – in den für das jeweilige Land richtigen juristischen Rahmen zu gießen, arbeiten Anwälte von encorde.org in aller Welt daran, die FPE-Kriterien mit den lokalen rechtlichen Gegebenheiten zu vereinbaren. Sie setzen ein Framework auf, das für andere funktioniert.

Als ich dieses Buch zu schreiben begann, startete ich mit dem Arbeitstitel „Werde, wer Du bist“. Damit wird Ihnen deutlich, wie wichtig mir das Individuum und seine fachliche und vor allem persönliche Weiterentwicklung ist. Im fünften Kapitel habe ich ausführlich auch meine eigenen Erfahrungen im Kontext Mensch bei encode.org geschildert, weil ich mit Ihnen offen teilen wollte, dass der Umgang miteinander und die differenzierte Betrachtung von Arbeit und Mensch durchaus gewöhnungsbedürftig war. Heute möchte ich genau diesen ganzheitlichen Ansatz einer FPE nicht mehr missen. Gerade die starke Unternehmenskultur eines sinnorientierten Unternehmens führt zu einem Miteinander, das ich nie zuvor in meinem Beruf erlebt habe.

Konkrete nächste Schritte für Einzelpersonen und für Unternehmen

Sagen wir, dass Sie sich nun dafür interessieren, anders zu arbeiten als bisher, und Sie sich fragen, was ein nächster Schritt sein könnte. Vielleicht arbeiten Sie in einem Konzern oder in einem inhabergeführten deutschen Familienunternehmen oder Sie sind selbstständig. „Ein bisschen For-Purpose-Enterprise“ gibt es nicht. Nur wenn Sie die vier Prinzipien auch in den Rechtsgrundlagen festhalten, entsteht die For-Purpose-Enterprise. Hybridmodelle können das Potenzial dieser neuen

Art des Arbeitens, wie ich es dargelegt habe, nicht entfalten. Sie benötigen dafür das For-Purpose Betriebssystem im Ganzen.

Mit den neuen rechtlichen, finanziellen und sozialen **Strukturen** für Ihr Unternehmen haben Sie einen von vier Schritten hin zu einer Veränderung Ihrer Arbeitswelt getan (vgl. die Abbildung zum Ken Wilber-Modell auf Seite 119). Und wahrscheinlich ist dies technisch gesehen der einfachste. Die große Herausforderung liegt nun darin, die Mitglieder Ihres Unternehmens und Sie selbst darin zu unterstützen, alle vier Prinzipien in allen drei Kontexten mit ihrem Verhalten und ihrer Haltung zu einem kulturellen Bestandteil Ihres Unternehmens zu machen. Auf dem Weg zu Sinn, Agilität, Transparenz und einer neuen Machtverteilung werden nicht alle an Bord bleiben, andere werden den Weg mit Ihnen gehen.

Gemeinsam können wir die Welt ein Stückchen besser machen – for purpose.

Quellenverzeichnis

Blogs und Internetbeiträge

(zuletzt abgerufen im Februar und März 2019)

Allen, David, Weekly Review Checklist, Getting Things Done, https://gettingthings-done.com/wp-content/uploads/2014/10/Weekly_Review_Checklist.pdf.

Berens, Linda,Don't put your clients in a box-Lead them through Self-Discovery, https://www.interstrength.org/our-approach-to-assessment.

Berens, Linda, Multiple Lenses + Self-Discovery = Reduced Conflict, https://www.interstrength.org/getting-to-our-core.

Campagne, Olivier, The Organization is not the tribe. Why Holacracy® Is Not About The People, https://blog.holacracy.org/the-organization-is-not-the-tribe-244d6dedc5f2).

CB Insights, The Top 20 Reasons Startups Fail, https://www.cbinsights.com/research/startup-failure-reasons-top/.

Corporate Rebels, Blog, https://corporate-rebels com/guest-blog-paradigm-shift/.

Cowan, Chris, This Time it's Personal. Why Holacracy® Differentiates Role and Soul, https://blog.holacracy.org/this-time-its-personal-592102943e52.

Cowan, Chris, Laloux, Frederic, Five Common Critiques of Holacracy, https://blog.holacracy.org/five-common-critiques-of-holacracy-bb82a7e718a1.

Cowan, Chris, Holacracy® Election Process 101: Election Process Walk-through, https://blog.holacracy.org/holacracy-election-process-101-election-process-walk-through-7626451cda0c.

Cowan, Chris, Holacracy® Basics: Understanding Projects and Project Teams, https://blog.holacracy.org/understanding-projects-and-project-teams-in-holacracy-a30d49c67c86.

Dietrich, Herbert-Konstantin, Selbsttranszendenz: Die vergessene sechste Stufe von Maslows Bedürfnispyramide, https://www.sinnforschung.org/archives/2693.

Duden online, Volatilität, https://www.duden.de/rechtschreibung/Volatilitaet.

Encode.org, PowerShift community, https://encode.hivebrite.com/.

Fischer, Stephan, „Definition: Agilität als höchste Form der Anpassungsfähigkeit", https://www.haufe.de/personal/hr-management/agilitaet/definition-agilitaet-als-hoechste-form-der-anpassungsfaehigkeit_80_378520.html.

Gabler, Definition Management, https://wirtschaftslexikon.gabler.de/definition/management-37609.

Gabler, Geschäftsmodelle, https://wirtschaftslexikon.gabler.de/definition/geschaeftsmodell-52275.

Gallup, Engagement Index Deutschland 2018, https://www.gallup.de/183104/engagement-index-deutschland.aspx.

Groth, Aimee, Is holacracy the future of work or a management cult?, https://qz.com/work/1397516/is-holacracy-the-future-of-work-or-a-management-cult/.

Holacracy Unternehmenslisten, http://structureprocess.com/holacracy-cases/, https://www.reflect-beratung.de/holacracy/, http://wiki.holacracy.org/index.php?title=FAQ#What_companies_are_using_Holacracy.3F, https://www.holacracy.org/resource/holacracy-adoptions/.

HolacracyOne, Policy: Strategy Meeting Process, https://app.glassfrog.com/policies/272.

IG Metall: Wichtigste Antworten zum Tarifabschluss, https://www.igmetall-schaeffler.de/index.php?id=81&tx_ttnews%5Btt_news%5D=16707&cHash=dfa25788eb4f079818b70691ef1e04ca.

Moyer, Mike, Slicing Pie, https://slicingpie.com/.
Müller, Anja, Wie sich Familienunternehmen 2.0 und Start-ups zukünftig aufstellen können, handelsblatt.com, 3.11.2018, https://www.handelsblatt.com/unternehmen/mittelstand/neue-rechtsform-wie-sich-familienunternehmen-2-0-und-start-ups-zukuenftig-aufstellen-koennen/23353122.html.
Oesterreich, Bernd, Welche formale Konstitution passt zu Selbst- und Netzwerkorganisationen. Die Genossenschaft und die Vereins-GmbH als Rechtsformen der neuen Arbeitswelt, 14.9.2015, https://intrinsify.de/welche-formale-konstitution-passt-zu-selbst-und-netzwerkorganisationen/.
Pfeffer, Jeffrey, Wer erfolgreich sein will, muss fies sein, http://www.spiegel.de/karriere/manager-wer-erfolgreich-sein-will-muss-fies-sein-a-1115117.html.
Pfläging, Niels, Beta Codex, https://betacodex.org/
Robertson, Brian, The irony of empowerment, https://blog.holacracy.org/the-irony-of-empowerment-4f0d312559d6.
Robertson, Brian, History of Holacracy®, https://blog.holacracy.org/history-of-holacracy-c7a8489f8eca.
Robertson, Brian, Differentiating Role and Soul. How Holacracy® Differentiates The Organizational Roles From The People Doing Them, https://blog.holacracy.org/differentiating-role-and-soul-fe8cf5d53cc1.
Christian Rüther, Soziokratie, Holakratie, S3, Frederic Laloux' „Reinventing Organizations" und „New Work", http://www.soziokratie.org/wp-content/uploads/2018/07/buch-soziokratie-holakratie-laloux-2018-zweite-auflage.pdf.
Sarpong, George, Wie Holacracy gelingen kann, 2018, https://www.com-magazin.de/praxis/digitalisierung/holacracy-gelingen-1460109.html.
Soulbottles, https://www.soulbottles.de/soulblog/soul-work/wie-arbeitet-soulbottles-unser-soulos-soulful-organization-system.
Wicki Beda; Längle Alfred, (2000) Selbst-Transzendenz. In: Stumm G., Pritz A. (eds) Wörterbuch der Psychotherapie. Springer, Vienna, https://link.springer.com/chapter/10.1007/978-3-211-99131-2_1726.
Wilber, Ken, The Kosmos Trilogy, Kosmic Karma and Creativity, Excerpt C: The Ways We Are in This Together: Intersubjectivity and Interobjectivity in the Holonic Kosmos, www.kenwilber.com.
Wittrock, Dennis, Self-organization, Decentralization and Blockchain Technology, https://medium.com/encode-org/bitcoin-com-interview-about-encode-org-16b01aec387c.
Wittrock, Dennis, AQAL- der integrale Ansatz von Ken Wilber, http://www.integral-con-text.de/index.php?id=28&L=0%22%22Dennis.
Zeitler, Maria, Organisationstrend „Holokratie": Perfekte Führung ohne Chef?, https://spielraum.xing.com/2016/10/organisationstrend-holokratie-perfekte-fuehrung-ohne-chef/.

Bücher und Artikel

Allen, David, Getting Things Done, Penguin Books 2002.
Appelo, Jürgen, Management 3.0. Leading Agile Developers, Developing Agile Leaders, Addison-Wesley Professional 2010.
Arnold, Hermann, Wir sind Chef: Wie eine unsichtbare Revolution Unternehmen verändert, Haufe Lexware 2016.
Bauer, Jobst-Hubertus; Baeck, Ulrich; Schuster, Doris-Maria, Personengesellschaften, ein möglicher Weg aus der Scheinselbständigkeit, in: NZA 200, S. 863–868.
Berens, Linda V., The Leading Edge of Psychological Type, updated revision of an article, Berens, Linda (2002). „Multiple Models of Personality Type: an Historical, Thematic Perspective." Australian Psychological Type Review, Vol. 4 Nos 1 & 2.

Bleicher, Knut, Das Konzept Integriertes Management, Campus 2004.
Brandes, Ulf, Management Y. Agile, Scrum, Design Thinking & Co.: So gelingt der Wandel zur attraktiven und zukunftsfähigen Organisation, Campus 2014.
Capra, Fritjof, Lebensnetz, Droemer Knaur 1999.
Conta Gromberg, Ehrenfried und Brigitte, Smart Business Concepts, 2015.
Creusen, Utho; Gall, Birte; Hackl, Oliver, Digital Leadership. Führung in Zeiten des digitalen Wandels, Springer Gabler 2017.
Crozier, Michel; Friedberg, Erhard, Actors and Systems. The Politics of Collective Action, 1980.
Dignan, Aaron, Brave New Work, Penguin 2019.
Fink, Franziska; Moeller, Michael, Purpose Driven Organizations, Schäfer Poeschel 2018
Fisher, Roger; Ury, William; Patton, Bruce, Das Harvard Konzept, campus 2004.
Fisher, Roger; Shapiro, Daniel, Beyond Reason. Using Emotions as You Negotiate, Random House 2006.
Heinen, E.: Der entscheidungsorientierte Ansatz der Betriebswirtschaftslehre, in: Zeitschrift für Betriebswirtschaft, 41. Jg. 1971, S. 429 ff.
Herb, Karlfriedrich, Machtfragen. Vier philosophische Antworten, in: Die Politische Meinung, 2008, S. 68.
Höll, Rainer, Wie bereite ich (m)eine soziale Innovation auf Finanzierung und Verbreitung vor? – Das Jonglieren mit Rechtsformen in der Praxis von Social Entrepreneuers, in: npoR, Heft 1/2002, S. 11–14.
Hungenberg, Harald; Wulf, Torsten, Grundlagen der Unternehmensführung, Springer 2015.
Hungenberg, Harald, Strategisches Management in Unternehmen, Springer 2014.
Hungenberg, Harald, Kooperation und Konflikt aus Sicht der Unternehmensverfassung, in: Unternehmung, Gesellschaft und Ethik, S. 125 ff.
Koestler, Arthur, The Ghost in the Machine, Last Century Media 1967.
Laloux, Frederic, Reinventing Organizations, Vahlen 2015.
Luhmann, Niklas, Interpenetration. Zum Verhältnis personaler und sozialer Systeme, in: Zeitschrift für Soziologie, 1977, 6(1), S. 62–76.
Macchiavelli, Nicoló, Der Fürst (Il Principe), Nikol, 2009.
Neuberger, Oswald, Mikropolitik, in: Führung von Mitarbeitern, Rosenstiel et al. (Hrsg.), Schäfer-Poeschel 2003.
Oestereich, Bernd; Schröder, Claudia, Das kollegial geführte Unternehmen, Vahlen 2017.
Osterwalder, Alexander; Pigneur, Yve, Business Model Generation: A Handbook for Visionaries, Game Changers, and Challengers, Wiley 2010.
Pink, Daniel H., Drive, Was Sie wirklich motiviert, Ecowin Verlag, 2010.
Pfeffer, Jeffrey, Leadership Bullshit, Harper 2015.
Pfeffer, Jeffrey, Power. Why some People have it – and others don't, Harper 2010.
Robertson, Brian, Holacracy. Ein revolutionäres Managementmodell für eine volatile Welt, Vahlen 2016.
Roth, Gerhard; Ryba, Alica, Coaching, Beratung und Gehirn, Klett-Cotta 2016.
Schein, Edgar: Coming to a New Awareness of Organizational Culture, in: Sociological Methods and Research, 25. Jg. 1984, Nr. 2, S. 3 ff.
Scheller, Torsten, Auf dem Weg zur agilen Organisation, Vahlen 2017.
Schulz von Thun, Friedmann, Miteinander Reden 3. Das Innere Team und situationsgerechte Kommunikation, rororo 2004.
Sprenger, Reinhard, Mythos Motivation, Campus 2014.
Strelecky, John, Das Café am Rande der Welt, dtv 2007.
Von Ameln, Falko, Konstruktivismus, UTB 2004.
Welch, Jack, Winning Campus Verlag, 2014.
Wilber, Ken, Eine kurze Geschichte des Kosmos, FISCHER 1997.

Wilhelm, Hannah über Tania Singer in dem Aufsatz „Mitgefühl zahlt sich aus", Süddeutsche Zeitung Plan W, 04/2016, S. 24 ff.

Windbichler, Christine, Gesellschaftsrecht, Beck 2017.

Zeuch, Andreas, Alle Macht für niemand. Aufbruch der Unternehmensdemokraten, Murmann Publishers GmbH 2015.

Videos

(zuletzt abgerufen im März 2019)

Marshall Goldsmith, Overcoming Ego, https://www.youtube.com/watch?v=PE52FnrBM-Q.

„Designflash #2 – Holacracy", https://www.youtube.com/watch?v=wh-avPBJZ9c.

BBC news, Interview mit Professor Robert Kelly, Children interrupt BBC News interview, https://www.youtube.com/watch?v=Mh4f9AYRCZY.

Konferenzen, Treffen, Netzwerke

(zuletzt abgerufen im März 2019)

www.integraleuropeanconference.com
https://globalpurposemovement.com
http://www.truepurposeinstitute.com
https://www.purposeguides.org
https://margaretwheatley.com
https://encode.hivebrite.com

Bildreferenzen

© Lori Rock, encode.org / Big Idea Zoo: Abbildungen 4, 26 und 32

© Jessica Frische, Graphic Recording und Illustration: Illustrationen auf Seite 6, 12, 18, 25, 30, 35, 41, 59, 61, 89, 99, 115, 144, 147

Glossar

Ankerkreis. Der Ankerkreis im Sinne der Holacracy®-Verfassung verfügt über alle Rechte und Befugnisse, die im Allgemeinen notwendig oder hilfreich sin sind, um die Gesellschaft zu leiten und zu kontrollieren. Er dient auch als Integrationspunkt der drei Kontexte Recht, Arbeit und Mensch.

Beitrittserklärung. Sie bezeichnet die Vereinbarung über die Aufnahme in die Gesellschaft, die von der Gesellschaft und einem potenziellen Mitglied abgeschlossen wird.

Cross Link (XLink). Ein Kreis kann eine Einheit oder Gruppe einladen, an dem Governance-Prozess und den operativen Prozessen teilzunehmen. Die Einheit oder Gruppe, die zur Teilnahme eingeladen wurde, ist die **„verlinkte Einheit"**, die auch außerhalb der Organisation liegen kann, oder bei der es sich um eine andere Rolle oder einen anderen Kreis innerhalb der Organisation handeln kann (aus der Holacracy®-Verfassung).

Gemeinschaftsvereinbarung. Sie bezeichnet die Vereinbarung von und zwischen den Mitgliedern, die Normen, Werte und Prozesse in Bezug auf die Beziehungen zwischen den Mitgliedern enthält und die Strukturen des Kontext Mensch festlegt.

Gilden (guilds). Das For-Purpose-Betriebssystem organisiert die fachliche und persönliche Weiterentwicklung über Gilden und spezielle Interessengruppen. Eine Gilde dient der Fortentwicklung von Kompetenzen, die für die Mitglieder einer For-Purpose-Enterprise notwendig sind. Jedes Mitglied kann Gilden und Interessengruppen ins Leben rufen, wenn sich mindestens zwei weitere interessierte Personen anmelden.

Governance-Prozess. Er ist in der Holacracy®-Verfassung festgelegt. Der Governance-Prozess eines Kreises hat die Autorität:

a) die Rollen und Teilkreise des Kreises zu definieren, zu ändern oder zu entfernen; und
b) die Richtlinien („policies") des Kreises zu definieren, zu ändern oder zu entfernen; und
c) Wahlen für die vom Kreis gewählten Funktionen durchzuführen.

Die Schriftführerin („secretary") eines Kreises ist für die Planung von Governance-Meetings verantwortlich und setzt damit den Governance-Prozess des Kreises im die Tat um (aus der Holacracy®-Verfassung).

Holacracy, Holakratie, Holokratie? Welcher Name ist richtig? Der Name Holacracy ist ein Kunstwort und setzt sich aus den Begriffen Holarchie nach Arthur Koestler und -kratie (Herrschaft) zusammen. Eine Holarchie bezeichnet eine neue Art der Hierarchie, bei der die Bestandteile (Holonen) Teil des Ganzen und selbst ein Ganzes sind. HolacracyOne LLC legt in seiner policy zur Nutzung der Marke fest, dass „Holacracy“ nur in dieser Form geschrieben werden und ausschließlich als Hauptwort und nicht als Adjektiv benutzt werden soll. Bei prominenten Bezeichnungen muss das ®-Symbol genannt werden. Zudem soll „Holacracy practice“ statt nur „Holacracy“ verwendet werden. Daran halte ich mich in diesem Buch und spreche durchgängig von der „Holacracy-Praxis“, die deutsche Übersetzung Holakratie verwende ich nicht, der oft genutzte Begriff Holokratie ist nicht korrekt.

Individueller Sinn. Er bezeichnet in Bezug auf jede natürliche Person das primäre, treibende kreative Potenzial, das diese Person besonders gut geeignet ist, in der Welt auszudrücken, angesichts all ihrer Zwänge und Begrenzungen, ihrer Inspiration, ihrer Fähigkeiten, verfügbaren Ressourcen, ihres Charakters, ihrer Kultur, ihres Fachwissens und aller anderen Ressourcen oder Faktoren, die relevant sein können.

Die drei **Kontexte.** Der „Kontext Recht“ bezeichnet einen der drei Hauptkontexte einer For-Purpose-Enterprise (FPE), der sich auf die rechtlichen, haftungsrechtlichen, regulatorischen und steuerlichen Regelungen, die Kapitalstrukturen und den Investorenkontext bezieht. Der „Investorenkontext“ bezeichnet eine Unterkategorie des Kontexts Recht und bezieht sich auf die Gesamtheit der Mitglieder in ihrer Eigenschaft als Investoren und Investorinnen am Unternehmen. Der „Kontext Arbeit“ bezeichnet den zweiten Hauptkontext einer FPE, der durch die Holacracy®-Verfassung strukturiert wird und die Arbeit am Sinn ausrichtet. Der „Kontext Mensch“ bezeichnet den dritten Hauptkontext einer FPE, der durch die Gemeinschaftsvereinbarung strukturiert wird und sich auf die Beziehungen der Mitglieder zueinander bezieht.

Members' Meeting bezeichnet die Gesellschafterversammlung des Unternehmens.

Operative Meetings. Operative Meetings dienen dazu:

a) den Erledigungsstatus wiederholter Actions auf Checklisten mitzuteilen, die zu Rollen des Kreises gehören;
b) reguläre Metriken mitzuteilen, deren Bericht den Rollen des Kreises übertragen ist;
c) Updates zu Projekten und andere Arbeiten mitzuteilen, die zu den Rollen des Kreises gehören; und
d) Spannungen, die Rollen des Kreises einschränken, in „Next Actions“, Projekte oder andere Ergebnisse zu überführen, die dazu beitragen, Spannungen zu reduzieren.

Die Schriftführerin („secretary“) eines Kreises ist für die Planung regelmäßiger „Operativer Treffen“ verantwortlich, um die Arbeit des Kreises zu erleichtern. Der Moderator („facilitator“) hat den Vorsitz bei den operativen Treffen in Übereinstimmung mit der Holacracy®-Verfassung und allen relevanten Richtlinien des Kreises (aus der Holacracy®-Verfassung).

Special Topic Meeting (STM). Mitglieder des Unternehmens können jederzeit ein Special Topic Meeting (STM) einberufen, um sich zu einem bestimmten Thema mit anderen Rollen und auch Individuen operativ auszutauschen.

Spezielle Interessengruppen (SIG). Eine spezielle Interessengruppe bildet sich, um Themen von gemeinsamem Interesse zu untersuchen und zu entwickeln. Diese Gruppe kann in eine Gilde münden, wenn sich zeigt, dass die behandelten Themen den Unternehmenssinn voranbringen. Jedes Mitglied kann Gilden und Interessengruppen ins Leben rufen, wenn sich mindestens zwei weitere interessierte Personen anmelden.

Units (Anteilsarten). Units, Einheit oder Anteile bezeichnet eine Mitgliedschaftsbeteiligung an der Gesellschaft, die im Privateigentum der jeweiligen Person steht und die weiter als „A Units", „C Units", „D Units" oder „P Units" bezeichnet wird.

„A Units" bezeichnet Mitgliedschaftsanteile, die dazu bestimmt sind, dynamisch einen Anteil am Vermögen und/oder an den Gewinnen und Verlusten der Gesellschaft zuzuordnen.

„C Units" sind Mitgliedschaftsanteile, die ihren Inhaber berechtigen, einen Anteil am Kapitalzuwachs der Gesellschaft, am Vermögen der Gesellschaft und an den Gewinnen und Verlusten der Gesellschaft zu erhalten.

„D Units" bezeichnen Mitgliedschaftsanteile, die dazu bestimmt sind, aufgeschobene Gewinnanteile zu bilden, die dem Inhaber das uneingeschränkte Recht einräumen, an zukünftigen Gewinnen der Gesellschaft teilzuhaben.

„P Units" sind Mitgliedschaftsanteile, die dazu bestimmt sind, Gewinnanteile zu bilden, die dem Inhaber das uneingeschränkte Recht einräumen, an zukünftigen Gewinnen der Gesellschaft teilzuhaben.

Unternehmenssinn. Der Sinn (Purpose) des Unternehmens ist das weitgehendste kreative Potenzial, das es nachhaltig in der Welt ausdrücken kann in Anbetracht aller auf es wirkenden Einschränkungen und allem, was ihm zur Verfügung steht. Dies umfasst seinen geschichtlichen Hintergrund, seine aktuelle Leistungsfähigkeit, die verfügbaren Ressourcen, Partner, seinen Charakter, seine Kultur, Geschäftsstruktur, Marke, Marktkenntnis und alle anderen relevanten Ressourcen oder Faktoren (aus der Holacracy®-Verfassung).

Verfassung bezeichnet die Holacracy®-Verfassung von HolacracyOne LLC.

Endnoten

Einleitung

1. Holacracy ist eine Marke der HolacracyOne, LLC.
2. HolacracyOne, Policy: Messaging Standards for the Holacracy Brand, https://app.glassfrog.com/policies/251576.
3. Auch Aaron Dignan spricht in seinem Buch Brave New Work von einem neuen Betriebssystem.

Kapitel 1

1. So haben laut der Gallup Studie 2018 in Deutschland bereits über fünf Millionen Arbeitnehmer (14 Prozent) innerlich gekündigt und besitzen keine Bindung zum Unternehmen, https://www.gallup.de/183104/engagement-index-deutschland.aspx; siehe auch den Blog der Corporate Rebels, https://corporate-rebels.com/guest-blog-paradigm-shift/.
2. Conta Gromberg, Ehrenfried und Brigitte, Smart Business Concepts.
3. Scheller, Torsten, Auf dem Weg zur agilen Organisation, S. 112.
4. Fink, Franziska; Moeller, Michael, Purpose Driven Organizations, S. 236 ff.
5. Robertson, Brian, Holacracy.
6. Laloux, Frederic, Reinventing Organizations, S. 195 ff., S. 289 ff., S. 297.
7. Dazu arbeitet das Netzwerk extinction rebellion.
8. Scheller, Torsten, Auf dem Weg zur agilen Organisation, S. 44 ff.
9. Zu den Unterschieden siehe Scheller, Torsten, Auf dem Weg zur agilen Organisation, S. 212.
10. Oestereich, Bernd; Schröder, Claudia, Das kollegial geführte Unternehmen, S. 79 f.
11. Fischer, Stephan, „Definition: Agilität als höchste Form der Anpassungsfähigkeit", https://www.haufe.de/personal/hr-management/agilitaet/definition-agilitaet-als-hoechste-form-der-anpassungsfaehigkeit_80_378520.html.
12. Scheller, Torsten, Auf dem Weg zur agilen Organisation, S. 41.
13. Zitiert in Robertson, Brian, Holacracy, S. 8.
14. Duden online, Volatilität.
15. Scheller, Torsten, Auf dem Weg zur agilen Organisation, S. 21, 34.
16. Wittrock, Dennis, Self-organization, Decentralization and Blockchain Technology, https://medium.com/encode-org/bitcoin-com-interview-about-encode-org-16b01aec387c.
17. Laloux, Frederic, Reinventing Organizations, S. 25 ff.
18. Scheller, Torsten, Auf dem Weg zur agilen Organisation, S. 51.
19. Robertson, Brian, Holacracy, S. 127.
20. vgl. Scheller, Torsten, Auf dem Weg zur agilen Organisation, S. 41, 52.
21. Video Overcoming Ego, https://www.youtube.com/watch?v=PE52FnrBM-Q.
22. Scheller, Torsten, Auf dem Weg zur agilen Organisation, S. 212.
23. Fisher, Roger; Ury, William; Patton, Bruce, Das Harvard Konzept; Fisher, Roger; Shapiro, Daniel, Beyond Reason. Using Emotions as You Negotiate.
24. Wilhelm, Hannah über Tania Singer in dem Aufsatz „Mitgefühl zahlt sich aus", Süddeutsche Zeitung Plan W, 04/2016, S. 24.
25. Wilhelm, Hannah, Süddeutsche Zeitung Plan W, 04/2016 über die Forschung der Wissenschaftlerin Tania Singer.
26. Denken Sie nur an das Märchen Rumpelstilzchen. Um ihrem Schicksal zu entkommen, ihr erstes Kind an das Rumpelstilzchen abgeben zu müssen (als Preis für die Hilfe beim Goldspinnen), muss die Königin den Namen

des kleinen Wesens herausfinden. Sie hat drei Versuche und hat schon zweimal falsch geraten. Am dritten Tag belauscht ein königlicher Bote das Rumpelstilzchen heimlich im Wald, als es um das Feuer hüpft: „Heute back ich, morgen brau ich, übermorgen hol ich der Königin ihr Kind; Ach, wie gut, dass niemand weiß, dass ich Rumpelstilzchen heiß!" Als die Königin an demselben Abend den Namen Rumpelstilzchen nennt, reißt sich dieses vor Wut selbst entzwei und seine Macht ist gebrochen. Das, was ich konkret benennen kann, verliert in der Folge seine Macht über mich. Das, was ich verbanne, kann mir das Leben schwer machen.

27. Pfeffer, Jeffrey, Leadership Bullshit und Pfeffer, Jeffrey, Power.
28. Laloux, Frederic, Reinventing Organizations, S. 32.
29. Fisher, Roger; Ury, William; Patton, Bruce, Das Harvard Konzept, S. 214.
30. Cowan, Chris, This Time it's Personal, https://blog.holacracy.org/this-time-its-personal-592102943e52.
31. Luhmann, Niklas, Interpenetration. Zum Verhältnis personaler und sozialer Systeme, in: Zeitschrift für Soziologie, 1977, 6(1), S. 62–76, S. 68.
32. Von Ameln, Falko, Konstruktivismus, S. 123.
33. Von Ameln, Falko, Konstruktivismus, S. 139 f.
34. Herb, Karlfriedrich, Machtfragen, S. 68.
35. Il Principe (Der Fürst).
36. Crozier, Michel; Friedberg, Erhard, Actors and Systems. The Politics of Collective Action.
37. Nach dem Öffentlichkeitsforscher Richard Sennett werden alte Machtstrukturen auch durch die E-Mail Kommunikation erhalten. „Weil das E-Mailen Zustände verkündet, statt dialogisch offen zu sein, kann man damit eine Firma leichter von oben nach unten führen, als wenn man von Angesicht zu Angesicht miteinander spricht", sagte er im Deutschlandfunk am 31. März 2019 in der Sendung Essay und Diskurs.
38. Robertson, Brian, Holacracy, S. 34.
39. Pfeffer, Jeffrey, Leadership Bullshit und Pfeffer, Jeffrey, Power. Siehe dazu auch Neuberger, Oswald, Mikropolitik, S. 41–49.
40. Robertson, Brian, Holacracy, S. 20.
41. An dieser Stelle muss ich Ihnen unbedingt „Das Café am anderen Ende der Welt" empfehlen. Eine Erzählung über den Sinn des Lebens von John Strelecky, die so manche Leserinnen und Leser über sich selbst nachdenken lässt.
42. Crozier, Friedberg, Actors and Systems.
43. The Top 20 Reasons Startups Fail, https://www.cbinsights.com/research/startup-failure-reasons-top/.

Kapitel 2

1. Jeffrey Pfeffer, Wirtschaftsprofessor an der Graduate School of Business der Stanford University, ist skeptisch, wenn er zu New Work und einer neuen Machtverteilung gefragt wird. Ein Manager müsse fies sein, um erfolgreich zu sein. Auch durch New Work werde sich nichts daran ändern, da Macht immer gleich funktioniere; Interview mit Jeffrey Pfeffer, Wer erfolgreich sein will, muss fies sein, http://www.spiegel.de/karriere/manager-wer-erfolgreich-sein-will-muss-fies-sein-a-1115117.html.
2. Zur Terminologie der agilen Praktiken, Methoden, Frameworks und Prozessen, siehe Torsten Scheller, Auf dem Weg zur agilen Organisation, S. 212.
3. Vgl. Appelo, Jürgen, Management 3.0; Brandes, Ulf, Management Y; Schwaber, Ken/Sutherland, Jeff, Scrum; Kelley, David, Design Thinking; Kanban; Responsive Org, Creusen, Utho / Gall, Birte / Hackl, Oliver, Digital Leadership; Semler, Ricardo, Corporate Democracy; Fischer, Heiko, Netzwerkorganisation"; Oestereich, Bernd / Schröder, Claudia, Das kollegial geführte

Unternehmen; Pfläging, Niels, Beta Codex; Arnold, Hermann, Wir sind Chef; Zeuch, Andreas, Alle Macht für niemand; Laloux, Frederic, Reinventing Organizations; Soziokratie 3.0 (S3); Fink, Franziska; Moeller, Michael, Purpose Driven Organizations.
4. Stellenangebot auf https://karriere.hypoport.de (abgerufen Ende 2018). Einen kurzen Eindruck von der Holacracy® Implementierung erhalten Sie in diesem Video „Designflash #2 – Holacracy", https://www.youtube.com/watch?v=wh-avPBJZ9c
5. https://www.soulbottles.de/soulblog/soul-work/wie-arbeitet-soulbottles-unser-soulos-soulful-organization-system.
6. Fink, Franziska/Moeller, Michael, Purpose Driven Organizations, S. 231.
7. Hungenberg, Harald; Wulf, Torsten, Grundlagen der Unternehmensführung, S. 20.
8. Hungenberg, Harald; Wulf, Torsten, Grundlagen der Unternehmensführung, S. 20 ff.
9. Hungenberg, Harald, Strategisches Management in Unternehmen, S. 20.
10. Vgl. Heinen, E.: Der entscheidungsorientierte Ansatz der Betriebswirtschaftslehre, in: Zeitschrift für Betriebswirtschaft, 41. Jg. 1971, S. 429 ff.
11. https://wirtschaftslexikon.gabler.de/definition/management-37609.
12. Vgl. K. Bleicher, Das Konzept Integriertes Management, 2004.
13. vgl. Hungenberg, Harald; Wulf, Torsten, S. 31.
14. Hungenberg/Wulf, S. 31.
15. https://blog.holacracy.org/the-irony-of-empowerment-4f0d312559d6.
16. Laloux, Frederic, Reinventing Organizations, S. 53 f.
17. von Ameln, Falko, Konstruktivismus, UTB 2004, S. 124.
18. von Ameln, Falko, Konstruktivismus, S. 168.
19. Capra, Fritjof, Lebensnetz, Droemer Knaur 1999.
20. https://www.sinnforschung.org/archives/2693.
21. https://link.springer.com/chapter/10.1007/978-3-211-99131-2_1726.
22. Hungenberg, Harald, Strategisches Management, S. 330.
23. Hungenberg, Harald, Strategisches Management, S. 330.
24. Hungenberg, Harald; Wulf, Torsten, Grundlagen der Unternehmensführung, S. 178.
25. Hungenberg, Harald; Wulf, Torsten, Grundlagen der Unternehmensführung, S. 187.
26. Wie sich Familienunternehmen 2.0 und Start-ups zukünftig aufstellen können, handelsblatt.com, 3.11.2018.
27. Wie Sie Gewinne maximieren, die Konkurrenten ausschalten und sich Marktanteile sichern, ohne zu fragen „Wozu?!", erfahren Sie bei Welch, Jack, Winning Campus Verlag, 2014.
28. Selbst-Transzendenz, https://link.springer.com/chapter/10.1007/978-3-211-99131-2_1726.
29. Laloux, Frederic, Reinventing Organizations, S. 44.
30. Vgl. Kirsch, W., Beiträge zum Management strategischer Programme, 1997, S. 290, zitiert in: Hungenberg, Strategisches Management, S. 6.
31. Vgl. Hungenberg, Harald, Strategisches Management, S. 324 ff.
32. SMART: spezifisch, messbar, attraktiv, realistisch, termingebunden.
33. Aaron Dignan warnt in seinem Buch Brave New Work vor der Nutzung von „OKRs", objectives and key results. Sie führen dazu, dass Menschen zur Erreichung der Ziele auch Dinge tun, die nicht gut für das Unternehmen sind.
34. Robertson, Brian, Holacracy. Ein revolutionäres Managementmodell für eine volatile Welt.
35. Quelle: https://app.glassfrog.com/circles/8670, Stand September 2018.
36. Vgl. Dignan, Aaron zu „Even Over Statements", S. 88 ff.
37. Hungenberg, Harald, Strategisches Management, S. 29.

38. Vgl. Barnard, C. 1938; Cyert, R., March, J. 1963; March, J., Simon, H. 1958, zitiert in Hungenberg, Harald, S. 27.
39. Vgl. Hungenberg, Harald, Kooperation und Konflikt aus Sicht der Unternehmensverfassung, in: Unternehmung, Gesellschaft und Ethik, S. 125 ff.
40. Gallup Engagement Index für Deutschland, https://www.gallup.de/183104/engagement-index-deutschland.aspx.
41. „A business model describes the rationale of how an organization creates, delivers, and captures value“, Osterwalder, Alexander; Pigneur, Yve: Business Model Generation: A Handbook for Visionaries, Game Changers, and Challengers, New Jersey, 2010. Zu den bekannteren Modellen zählen das Plattformmodell, das Abomodell, das Freemiummodell oder das Lizenzmodell, https://wirtschaftslexikon.gabler.de/definition/geschaeftsmodell-52275.
42. Zu diesem Thema sind die Bücher *Mythos Motivation* von Reinhard Sprenger, Campus 2014 und *Drive* von Daniel Pink sehr inspirierend.
43. Deutschlandfunk-Onlinerubrik „Rock et cetera“ vom 18.11.2018.
44. Robertson, Brian, Holacracy. Ein revolutionäres Managementmodell für eine volatile Welt, S. 39.

Kapitel 3

1. Robertson, Brian, Holacracy. Ein revolutionäres Managementmodell für eine volatile Welt, S. 11.
2. Robertson, Brian, Holacracy, S. 11, 12, 32.
3. Robertson, Brian, Holacracy, S. 39.
4. Koestler, Arthur, The Ghost in the Machine, 1967.
5. Wilber, Ken, „Eine Kurze Geschichte des Kosmos“, S. 50.
6. Interview mit Brian Robertson https://blog.holacracy.org/history-of-holacracy-c7a8489f8eca, sowie der Artikel von Aimee Groth, https://qz.com/work/1397516/is-holacracy-the-future-of-work-or-a-management-cult/.
7. Vgl. https://www.interstrength.org/our-approach-to-assessment und https://www.interstrength.org/getting-to-our-core.
8. Dazu Christian Rüther, http://www.soziokratie.org/wp-content/uploads/2018/07/buch-soziokratie-holakratie-laloux-2018-zweite-auflage.pdf, S. 18, 274 ff.
9. Dennis Wittrock, http://www.integral-con-text.de/index.php?id=28&L=0%22%22Dennis.
10. https://www.glassfrog.com/#trusted: „Empower your team with glassfrog“. Eine nicht vollständige Liste mit Beispielen von Unternehmen führen *structure and process* und Reflect, http://structureprocess.com/holacracy-cases/ und https://www.reflect-beratung.de/holacracy/. Weitere Listen sind die Liste auf dem Holacracy Wiki, http://wiki.holacracy.org/index.php?title=FAQ#What_companies_are_using_Holacracy.3F und die von HolacracyOne gepflegte Übersicht https://www.holacracy.org/resource/holacracy-adoptions/.
11. Robertson, Brian, Holacracy, S. 39.
12. Zu den eigenen – manchmal gegenläufigen – inneren Stimmen ist das Modell von Friedmann Schulz von Thun zum „Inneren Team“ sehr zu empfehlen, Miteinander Reden 3. Das Innere Team und situationsgerechte Kommunikation.
13. Siehe auch Cowan, Chris; Laloux, Frederic https://blog.holacracy.org/five-common-critiques-of-holacracy-bb82a7e718a1.
14. https://spielraum.xing.com/2016/10/organisationstrend-holokratie-perfekte-fuehrung-ohne-chef/.
15. „Some describe holacracy as a bitter medicine. It's the strict, no-sugar cleanse version of self-organization. Other companies prefer to take it more slowly,

and piecemeal“, Amy Groth, https://qz.com/work/1397516/is-holacracy-the-future-of-work-or-a-management-cult/ (deutsche Übersetzung der Autorin).
16. https://app.glassfrog.com/roles/8654729 (deutsche Übersetzung der Autorin, zuletzt abgerufen März 2019).
17. „To energize the role“ heißt es bei encode.org.
18. Bei der Firma Soulbottles wenden sie die Regeln der Gewaltfreien Kommunikation (Marshall Rosenberg) im Miteinander an.
19. Robertson, Brian, Holacracy, S. 45.
20. https://app.glassfrog.com/organizations/1732 (zuletzt abgerufen Februar 2019).
21. Robertson, Brian, Holacracy, S. 167f.
22. Robertson, Brian, Differentiating Role and Soul. How Holacracy® Differentiates The Organizational Roles From The People Doing Them, https://blog.holacracy.org/differentiating-role-and-soul-fe8cf5d53cc1.
23. Robertson, Brian, Holacracy, S. 105.
24. Unter „key resources“, https://www.holacracy.org/resources/#top (zuletzt abgerufen März 2019).
25. Das Verfahren im Einzelnen, siehe Chris Cowan, https://blog.holacracy.org/holacracy-election-process-101-election-process-walk-through-7626451cda0c.
26. Der Kreis *General* von encode.org ist der oberste operative Kreis innerhalb des Ankerkreises; Stand Februar 2019.
27. Vgl. B. Robertson, Holacracy, S. 83.
28. Chris Cowan, https://blog.holacracy.org/understanding-projects-and-project-teams-in-holacracy-a30d49c67c86 (deutsche Übersetzung der Autorin)
29. Allen, David, Getting Things Done, 2002, S. 38.
30. https://app.glassfrog.com/organizations/5 (Stand November 2018).
31. https://app.glassfrog.com/policies/272. Vgl. zum Strategieprozess auch Brian Robertson, Holacracy, S. 125 ff.
32. Getting Things Done, https://gettingthingsdone.com/wp-content/uploads/2014/10/Weekly_Review_Checklist.pdf (zuletzt abgerufen März 2019).
33. David Allen, Weekly Review Checklist, https://gettingthingsdone.com/wp-content/uploads/2014/10/Weekly_Review_Checklist.pdf.
34. F. Laloux, Reinventing Organizations, S. 134.
35. BBC Interview mit Professor Robert Kelly, https://www.youtube.com/watch?v=Mh4f9AYRCZY.
36. Vgl. dazu das soziokratische Entlohnungsmodell nach Gerard Endenburg, in: Rüther, Christian, Soziokratie, Holakratie, S3, Frederic Laloux’ „Reinventing Organizations“ und „New Work“, S. 23, http://www.soziokratie.org/wp-content/uploads/2018/07/buch-soziokratie-holakratie-laloux-2018-zweite-auflage.pdf.

Kapitel 4

1. Im Januar 2019 hat encode.org in einem besonderen Prozess den eigenen Sinn neu erarbeitet.
2. https://encode.hivebrite.com/.
3. Vgl. oben unter Entstehungsgeschichte Holacracy-Praxis, Kapitel 3.
4. Vgl. dazu Kapitel 2.
5. Christine Windbichler, Gesellschaftsrecht, § 21, Rnr. 4.
6. Mike Moyer, https://slicingpie.com/.
7. Dies ist nach dem Recht des US-amerikanischen LLC möglich, in anderen Jurisdiktionen müssen bestimmte Kompetenzen zwingend bei der Gesellschafterversammlung verbleiben.
8. Der Unterschied liegt darin, ob Nicht-Gesellschafter im Management sein können (manager-managed) oder nicht (member-managed).

9. Zu den Rechtsformen von Sozialunternehmen vgl. Höll, Rainer, Wie bereite ich (m)eine soziale Innovation auf Finanzierung und Verbreitung vor? npoR, S. 11–14.
10. Oesterreich, Bernd, Welche formale Konstitution passt zu Selbst- und Netzwerkorganisationen. Die Genossenschaft und die Vereins-GmbH als Rechtsformen der neuen Arbeitswelt, 14.9.2015, https://intrinsify.de/welche-formale-konstitution-passt-zu-selbst-und-netzwerkorganisationen/.
11. Bauer, Jobst-Hubertus; Baeck, Ulrich; Schuster, Doris-Maria, Personengesellschaften, ein möglicher Weg aus der Scheinselbständigkeit, in: NZA 200, S. 863–868.

Kapitel 5

1. Fink, Franziska; Moeller, Michael, Purpose Driven Organizations, Schäfer Poeschel 2018, S. 129.
2. Wilber, Ken, Kosmic Karma and Creativity, Excerpt C: „The Ways We Are in This Together: Intersubjectivity and Interobjectivity in the Holonic Kosmos“, Seite 81.
3. https://encode.hivebrite.com/.
4. Laloux, Frederic, Reinventing Organizations, S. 227 ff.
5. Laloux, Frederic, Reinventing Organizations, S. 225.
6. Vgl. Hungenberg, Harald; Wulf, Torsten, Grundlagen der Unternehmensführung, S. 78.
7. Schein, Edgar, Coming to a New Awareness of Organizational Culture, in: Sociological Methods and Research, 25. Jg. 1984, Nr. 2, S. 3 ff.
8. Hungenberg, Harald; Wulf, Torsten, Grundlagen der Unternehmensführung, S. 79.
9. Hungenberg, Harald; Wulf, Torsten, Grundlagen der Unternehmensführung, S. 80.
10. Laloux, Frederic, Reinventing Organizations, S. 44.
11. Das Verständnis vom Sinn wird im Gesellschaftsvertrag definiert, vgl. Kapitel 3.
12. Zitiert in Scheller, Torsten, Auf dem Weg zur agilen Organisation, S. 144.
13. Der US-amerikanische Psychologe Abraham Maslow hat ein Modell entwickelt, mit dem er menschliche Bedürfnisse und Motive in einer hierarchischen Pyramidenstruktur darstellt. Auf der untersten Stufe befinden sich die physiologischen Bedürfnisse, wie Atmung und Schlaf. Darüber die Sicherheitsbedürfnisse, gefolgt von den sozialen Bedürfnissen, wie z. B. Familie, Freundschaft und Zugehörigkeit. Die vierte Ebene der Individualbedürfnisse steht für Wertschätzung, Erfolg und Unabhängigkeit. Auf der letzten Ebene des Modells befindet sich die Selbstverwirklichung. Hier geht es um Talente, Potenziale und Kreativität. Erst kurz vor seinem Tod erweiterte er sein Modell um eine oberste Stufe: die Transzendenz, vgl. https://de.wikipedia.org/wiki/Maslowsche_Bed%C3%BCrfnishierarchie.
14. Pink, Daniel H., Drive, Was Sie wirklich motiviert, Ecowin Verlag, 2010, S. 163.
15. Roth, Gerhard; Ryba, Alica, Coaching, Beratung und Gehirn, Alica, Klett-Cotta 2016, S. 116.
16. Carl Gustav Jung war Schweizer Psychiater und wird von vielen als Vater der Psychoanalyse bezeichnet.
17. Fink, Franziska; Moeller, Michael, Purpose Driven Organizations, Schäfer Poeschel 2018, S. 295 ff.
18. Berens, Linda V., The Leading Edge of Psychological Type, updated revision of an article, Berens, Linda (2002) „Multiple Models of Personality Type: an

Historical, Thematic Perspective." Australian Psychological Type Review, Vol. 4 Nos 1 & 2.

19. Zur grundsätzlichen Kritik an eigenschaftsbasierten Modellen ohne Einbezug des Verhaltenskontexts, vgl. Roth; Ryba, Coaching, Beratung und Gehirn, S. 119 ff.
20. Fink, Franziska; Moeller, Michael, Purpose Driven Organizations, S. 132.
21. Sarpong, George, Wie Holacracy gelingen kann, 2018.
22. IDEO guckt nicht nach der kulturellen Passung, sondern nach dem Beitrag zur Kultur („cultural contribution") und fragt, was in der Kultur gerade fehlt, Dignan, Aaron, Brave New Work, S. 142.
23. Campagne, Olivier, The Organization is not the tribe, https://blog.holacracy.org/the-organization-is-not-the-tribe-244c6dedc5f2.
24. Zu den einmaligen Treffen verschiedener Anbieter zählen zum Beispiel die Integral European Conference oder der Purpose Summit, www.integraleuropeanconference.com bzw. https://globalpurposemovement.com. Über eine längere Zeit laufende feste Gruppen bieten zum Beispiel Tim Kelley, http://www.truepurposeinstitute.com, Jonathan Gustin, https://www.purposeguides.org oder Margaret Wheatley, https://margaretwheatley.com.
25. https://encode.hivebrite.com/.
26. https://qz.com/work/1397516/is-holacracy-the-future-of-work-or-a-management-cult/.

Index